학습 스케줄표

공부한 날짜를 쓰고 학습한 후 부모님·선생님께 확인을 받으세요.

1주

쪽수		공부한 날	확인
준비	6~9쪽	월 일	확인
1일	10~13쪽	월 일	확인
2일	14~17쪽	월 일	확인
3일	18~21쪽	월 일	확인
4일	22~25쪽	월 일	확인
5일	26~29쪽	월 일	확인
평가	30~33쪽	월 일	확인

2주

쪽수		공부한 날	확인
준비	36~39쪽	월 일	확인
1일	40~43쪽	월 일	확인
2일	44~47쪽	월 일	확인
3일	48~51쪽	월 일	확인
4일	52~55쪽	월 일	확인
5일	56~59쪽	월 일	확인
평가	60~63쪽	월 일	확인

3주

쪽수		공부한 날	확인
준비	66~69쪽	월 일	확인
1일	70~73쪽	월 일	확인
2일	74~77쪽	월 일	확인
3일	78~81쪽	월 일	확인
4일	82~85쪽	월 일	확인
5일	86~89쪽	월 일	확인
평가	90~93쪽	월 일	확인

4주

쪽수		공부한 날	확인
준비	96~99쪽	월 일	확인
1일	100~103쪽	월 일	확인
2일	104~107쪽	월 일	확인
3일	108~111쪽	월 일	확인
4일	112~115쪽	월 일	확인
5일	116~119쪽	월 일	확인
평가	120~123쪽	월 일	확인

Chunjae
Makes
Chunjae

▼

기획총괄	박금옥
편집개발	윤경옥, 박초아, 김연정, 김수정, 조은영 임희정, 이혜지, 최민주, 한인숙
디자인총괄	김희정
표지디자인	윤순미, 김지현, 심지현
내지디자인	박희춘, 우혜림
제작	황성진, 조규영

발행일	2023년 5월 15일 초판 2023년 5월 15일 1쇄
발행인	(주)천재교육
주소	서울시 금천구 가산로9길 54
신고번호	제2001-000018호
고객센터	1577-0902

※ 정답 분실 시에는 천재교육 교재 홈페이지에서 내려받으세요.

※ KC 마크는 이 제품이 공통안전기준에 적합하였음을 의미합니다.

※ 주의

책 모서리에 다칠 수 있으니 주의하시기 바랍니다.

부주의로 인한 사고의 경우 책임지지 않습니다.

8세 미만의 어린이는 부모님의 관리가 필요합니다.

1-B 문장제 수학편

주별 Contents

요즘 학생들은 책보다 스마트폰에 빠져 있고 모르는 어휘도 많아서 **글을 읽고 이해하는 능력**, 즉 **문해력**이 부족한 경우가 많아요.

수학 문제도 3줄이 넘어가면 아이들이 읽기 힘들어 하고 무슨 뜻인지 이해하지 못하는 경우가 많지요. 그래서 수학 문제를 푸는 데에도 **문해력이 필요**해요!

<초등문해력 독해가 힘이다 문장제 수학편>은
읽고 이해하여 문제해결력을 강화하는 수학 문해력 훈련서입니다.

매일 4쪽씩, 28일 학습으로 자기 주도 학습이 가능 해요.

《 수학 문해력을 기르는

준비 학습

준비 학습 **문해력 기초 다지기** 문장제에 적용하기

◇ 기초 문제가 어떻게 문장제가 되는지 알아봅니다.

1 10개씩 묶음 8개를 ☐(이)라고 합니다. » 공깃돌이 **10개씩 묶음 8개**가 있습니다. 공깃돌은 **모두 몇 개**인가요?

답 ________ 개

2 10개씩 묶음 6개와 낱개 3개를 ☐(이)라고 합니다. » 달걀이 **10개씩 묶음 6개**와 **낱개 3개**가 있습니다. 달걀은 **모두 몇 개**인가요?

답 ________ 개

3 76 — ◯ — 78 » 축구 선수인 민재의 등번호는 **76**과 **78** 사이의 수입니다. 민재의 **등번호는 몇 번**인가요?

답 ________ 번

문장제에 적용하기

연산, 기초 문제가 어떻게 문장제가 되는지 알아봐요.

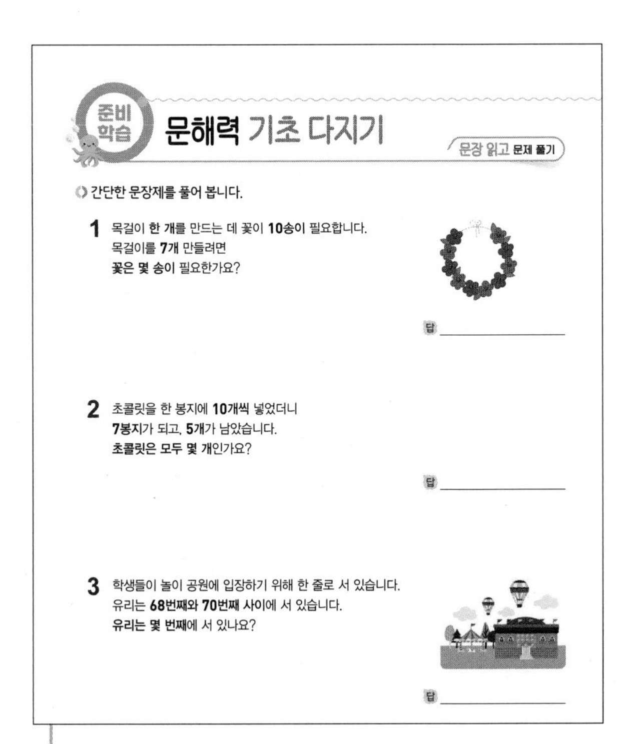
준비 학습 **문해력 기초 다지기** 문장 읽고 문제 풀기

◇ 간단한 문장제를 풀어 봅니다.

1 목걸이 **한 개**를 만드는 데 꽃이 **10송이** 필요합니다. 목걸이를 **7개** 만들려면 **꽃은 몇 송이** 필요한가요?

답 ________

2 초콜릿을 한 봉지에 **10개씩** 넣었더니 **7봉지**가 되고, **5개**가 남았습니다. **초콜릿은 모두 몇 개**인가요?

답 ________

3 학생들이 놀이 공원에 입장하기 위해 한 줄로 서 있습니다. 유리는 **68번째**와 **70번째** 사이에 서 있습니다. **유리는 몇 번째**에 서 있나요?

답 ________

문장 읽고 문제 풀기

이번 주에 풀 문장제 유형의 가장 단순한 문장제를 풀면서 기초를 다져요.

수학 문해력을 기르는

1일~4일 학습

문제 속 핵심 키워드 찾기 → 해결 전략 세우기 → 전략에 따라 문제 풀기 → 문해력 레벨업 으로 이어지는 학습법

관련 단원 100까지의 수

문해력 문제 7 수영장의 사물함에 순서대로 번호가 적혀 있습니다./ 56번과 62번 사이에 있는 사물함 중에서/ 홀수가 적힌 사물함은 모두 몇 개인가요?
└ 구하려는 것

해결 전략

56번과 62번 사이에 있는 번호를 구하려면

❶ 56보다 (크고 , 작고) 62보다 (큰 , 작은) 수를 모두 쓴다.
└ 알맞은 말에 ○표 하기

문해력 주의: ●와 ▲ 사이에 있는 수에는 ●와 ▲가 포함되지 않아.

56번과 62번 사이에 있는 홀수의 개수를 구하려면

❷ 위 ❶에서 구한 수 중에서 둘씩 짝을 지을 수 없는 수를 모두 찾는다.

문제 풀기

❶ 56번과 62번 사이에 있는 사물함의 번호는 57번, ☐번, ☐번, 60번, ☐번이다.

❷ 위 ❶에서 구한 번호 중에서 홀수는 57번, ☐번, ☐번이므로 홀수가 적힌 사물함은 모두 ☐개이다.

답 ______

문해력 레벨업 조건에 맞는 수를 차례로 구하자.

예 21과 26 사이에 있는 수 중에서 홀수와 짝수 구하기

21 22 23 24 25 26

짝수: 2, 4, 6, 8, 0으로 끝나는 수

홀수: 1, 3, 5, 7, 9로 끝나는 수

21과 26 사이에 있는 수는 21보다 1만큼 더 큰 수부터 26보다 1만큼 더 작은 수까지야.

문제 속 핵심 키워드 찾기

문제를 끊어 읽으면서 핵심이 되는 말인 주어진 조건과 구하려는 것을 찾아 표시해요.

해결 전략 세우기

찾은 핵심 키워드를 수학적으로 어떻게 바꾸어 적용해서 문제를 풀지 전략을 세워요.

전략에 따라 문제 풀기

세운 해결 전략 ❶ → ❷ → ❸의 순서에 따라 문제를 풀어요.

문해력 레벨업 수학 문해력을 한 단계 올려주는 비법 전략을 알려줘요.

문해력 문제의 풀이를 따라
쌍둥이 문제 → 문해력 레벨 1 → 문해력 레벨 2 를
차례로 풀며 수준을 높여가며 훈련해요.

수학 문해력을 기르는

5일 학습

HME 경시 기출 유형, 수능대비 창의·융합형 문제를 풀면서 수학 문해력 완성하기

100까지의 수

우리는 물건의 개수를 세거나 번호를 적을 때 등 실생활의 여러 상황에서 몇십과 몇십몇을 사용하고 있어요. 몇십과 몇십몇을 10개씩 묶음의 수와 낱개의 수로 나타내는 방법을 이해하고 여러 가지 문제를 해결해 봐요.

이번 주에 나오는 어휘 & 지식백과

11쪽 **주말농장** (週 돌 주, 末 끝 말, 農 농사 농, 場 마당 장)
주말을 이용하여 채소 등을 가꾸는 농장

12쪽 **약과** (藥 약 약, 果 실과 과)
꿀과 기름을 섞은 밀가루 반죽을 판에 박아서 모양을 낸 후 튀긴 과자

13쪽 **마우스** (mouse)
컴퓨터 화면에 나타나는 화살표 모양(↖)을 움직이고, 약간 길고 둥근 것이 생쥐를 닮았기 때문에 '마우스(mouse)'라는 이름이 붙었다.

15쪽 **결승점** (決 결단할 결, 勝 이길 승, 點 점 점)
육상이나 수영 등의 운동 경기에서 승부가 결정되는 지점

23쪽 **도미노 게임** (domino game)
나무 등으로 만든 조각을 연속으로 쓰러뜨리는 게임으로 연이어 세워 놓은 도미노 조각의 한쪽 끝을 넘어뜨리면 그 다음 조각이 계속 넘어진다.

31쪽 **경품** (景 볕 경, 品 물건 품)
상품을 산 사람에게 덤으로 주는 물건 또는 번호를 뽑아 뽑힌 사람에게 주는 물건

문해력 기초 다지기

문장제에 적용하기

기초 문제가 어떻게 문장제가 되는지 알아봅니다.

1 10개씩 묶음 8개를 ☐(이)라고 합니다.

공깃돌이 **10개씩 묶음 8개**가 있습니다.
공깃돌은 **모두 몇 개**인가요?

꼭! 단위까지 따라 쓰세요.

답 ________ 개

2 10개씩 묶음 6개와 낱개 3개를 ☐(이)라고 합니다.

달걀이 **10개씩 묶음 6개**와
낱개 3개가 있습니다.
달걀은 모두 몇 개인가요?

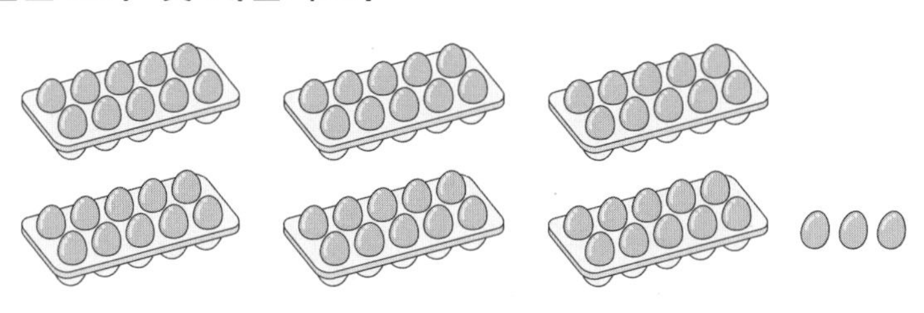

답 ________ 개

3 76 — ◯ — 78

축구 선수인 민재의 등번호는
76과 **78 사이의 수**입니다.
민재의 **등번호는 몇 번**인가요?

답 ________ 번

4 1만큼 더 큰 수

86 — [ ]

우표를 민호는 **86장** 모았고,
지혜는 민호보다 **1장 더 많이** 모았습니다.
지혜가 모은 우표는 몇 장인가요?

꼭! 단위까지 따라 쓰세요.

답 ______ 장

5 더 큰 수에 ○표 하기

65 83

줄넘기를 민희는 **65번** 했고,
은채는 **83번** 했습니다.
줄넘기를 **더 많이 한 사람**은 누구인가요?

답 ______

6 더 작은 수에 △표 하기

74 76

바둑통 안에 검은색 바둑돌이 **74개**,
흰색 바둑돌이 **76개** 담겨 있습니다.
어떤 색 바둑돌이 더 적게 담겨 있나요?

답 ______

7 34와 37 중 짝수는 [ ] 입니다.

종이배를 지유는 **34개** 접었고,
은혁이는 **37개** 접었습니다.
접은 **종이배의 수가 짝수인 사람**은 누구인가요?

답 ______

공부한 날 월 일

문해력 기초 다지기

문장 읽고 **문제 풀기**

간단한 문장제를 풀어 봅니다.

1 목걸이 **한 개**를 만드는 데 꽃이 **10송이** 필요합니다.
목걸이를 **7개** 만들려면
꽃은 몇 송이 필요한가요?

답 ______________

2 초콜릿을 한 봉지에 **10개씩** 넣었더니
7봉지가 되고, **5개**가 남았습니다.
초콜릿은 모두 몇 개인가요?

답 ______________

3 학생들이 놀이공원에 입장하기 위해 한 줄로 서 있습니다.
유리는 **68번째**와 **70번째 사이**에 서 있습니다.
유리는 몇 번째에 서 있나요?

답 ______________

4 수진이네 학교 남학생은 **89명**입니다.
여학생은 남학생보다 **1명 더 적다면**
수진이네 학교 **여학생은 몇 명**인가요?

답 ______________________

5 가게에 분홍색 솜사탕은 **56개** 있고,
노란색 솜사탕은 **61개** 있습니다.
어떤 색 솜사탕이 더 많이 있나요?

6 화단에 장미를 **84송이** 심었고,
튤립을 **82송이** 심었습니다.
장미와 튤립 중 **더 적게 심은 꽃**은 무엇인가요?

7 딸기 따기 체험학습에서 딸기를 윤아는 **46개** 땄고,
민주는 **41개** 땄습니다.
딴 딸기의 수가 **홀수인 사람은 누구**인가요?

1일 수학 문해력 기르기

관련 단원 100까지의 수

문해력 문제 1

장난감 공장에서 곰 인형 75개를/
한 상자에 10개씩 담아 팔려고 합니다./
곰 인형을 몇 상자까지 팔 수 있는지 구하세요.
└구하려는 것

해결 전략

❶ 곰 인형 75개를 10개씩 묶음의 수와 낱개의 수로 나타낸다.

곰 인형을 몇 상자까지 팔 수 있는지 구하려면

❷ 한 상자에 ☐개가 되지 않으면 팔 수 없으므로

곰 인형을 10개씩 담은 상자의 수를 구한다.

문제 풀기

❶ 곰 인형 75개는 10개씩 묶음 ☐개와 낱개 ☐개이다.

❷ 낱개 ☐개는 상자에 담아 팔 수 없으므로

곰 인형을 ☐상자까지 팔 수 있다.

답 ____________

문해력 레벨업 몇십몇을 10개씩 묶음의 수와 낱개의 수로 나타내자.

예 사탕 56개를 한 봉지에 10개씩 담아서 팔기

남은 사탕: 6개

팔 수 있는 봉지 수: **5**봉지

10개가 되지 않으면 팔 수 없어.

쌍둥이 문제

1-1 생선 가게에서 오징어 64마리를/ 한 봉지에 10마리씩 담아 팔려고 합니다./ 오징어를 몇 봉지까지 팔 수 있는지 구하세요.

따라 풀기 ❶

❷

답 

문해력 레벨 1

1-2 ※주말농장에서 삼촌이 캔 감자는 89개입니다./ 감자를 한 바구니에 10개씩 담아 팔고/ 남은 것은 튀김을 하려고 합니다./ 튀김을 할 감자는 몇 개인지 구하세요.

스스로 풀기 ❶

문해력 어휘
주말농장: ※주말을 이용하여 채소 등을 가꾸는 농장
주말: 주로 토요일부터 일요일까지를 말한다.

❷

답

문해력 레벨 2

1-3 강아지 옷 한 벌을 만드는 데 단추가 10개 필요합니다./ 단추가 10개씩 묶음 4개와 낱개 36개가 있다면/ 강아지 옷을 몇 벌까지 만들 수 있는지 구하세요.

스스로 풀기 ❶ 36개를 10개씩 묶음의 수와 낱개의 수로 나타내기

❷ 단추는 모두 10개씩 묶음 몇 개와 낱개 몇 개인지 나타내기

❸ 강아지 옷을 몇 벌까지 만들 수 있는지 구하기

답 

1일 수학 문해력 기르기

관련 단원 100까지의 수

문해력 문제 2

※약과가 67개 있습니다./
약과를 한 접시에 10개씩 담으려고 합니다./
접시 7개를 모두 채우려면/
약과는 몇 개 더 있어야 하는지 구하세요.
└ 구하려는 것

해결 전략

약과가 몇 개 더 있어야 하는지 구하려면

❶ 약과 67개를 10개씩 묶음의 수와 낱개의 수로 나타낸 후

❷ 낱개의 수를 이용하여 더 필요한 약과의 수를 구한다.

문해력 백과
약과: 꿀과 기름을 섞은 밀가루 반죽을 판에 박아서 모양을 낸 후 튀긴 과자

문제 풀기

❶ 약과 67개는 10개씩 묶음 6개와 낱개 ☐개이므로

접시 6개를 채우고 ☐개가 남는다.

❷ 접시 7개를 모두 채우려면 약과는 ☐개 더 있어야 한다.

답 ________________

문해력 레벨업 필요한 수가 지금보다 얼마만큼 더 큰 수인지 구하자.

- 필요한 양(60개)

10	10	10	10	10	4	6

지금 있는 양(54개) / 더 필요한 양

- 100 알아보기

90 91 92 93 94 95 96 97 98 99 100

→ **100**은 **90**보다 **10**만큼 더 큰 수이고 **99**보다 **1**만큼 더 큰 수이다.

99보다 1만큼 더 큰 수를 **100**이라 하고 **백**이라고 읽어.

• 정답과 해설 2쪽
복습책 2쪽에 유사, 심화문제 제공

쌍둥이 문제

2-1 ※마우스가 76개 있습니다./ 마우스를 한 상자에 10개씩 담으려고 합니다./ 상자 8개를 모두 채우려면/ 마우스는 몇 개 더 있어야 하는지 구하세요.

따라 풀기 ❶

문해력 어휘
마우스: 컴퓨터 화면에 나타나는 화살표 모양()을 움직이고, 생쥐를 닮았기 때문에 마우스(mouse)라는 이름이 붙었다.

❷

답 ____________

문해력 레벨 1

2-2 동화책이 68권 있습니다./ 동화책을 책꽂이 한 칸에 10권씩 꽂으려고 합니다./ 책꽂이 8칸을 모두 채우려면/ 동화책은 몇 권 더 있어야 하는지 구하세요.

스스로 풀기 ❶

❷

답 ____________

문해력 레벨 2

2-3 은호가 산※메추리알은 10개씩 묶음 7개와 낱개 26개입니다./ 메추리알이 100개가 되려면/ 몇 개를 더 사야 하는지 구하세요.

스스로 풀기 ❶ 은호가 산 메추리알은 모두 몇 개인지 구하기

문해력 백과
메추리알: ※메추리가 낳은 알
메추리: 메추리는 누런 갈색과 검은색의 가느다란 무늬가 있고 몸은 병아리와 비슷하지만 꽁지가 짧다.

❷ 메추리알이 100개가 되려면 몇 개를 더 사야 하는지 구하기

답 ____________

수학 문해력 기르기

관련 단원 100까지의 수

문해력 문제 3

은행에서는 온 순서대로 번호표를 뽑습니다./
은수는 64번,/ 현주는 55번,/ 승아는 58번을 뽑았습니다./
세 사람 중 번호표를 가장 먼저 뽑은 사람은 누구인가요?
└ 구하려는 것

해결 전략

번호표에 적힌 수의 크기를 비교하려면

❶ 10개씩 묶음의 수를 비교하고 10개씩 묶음의 수가 같으면 낱개의 수를 비교한다.

번호표를 가장 먼저 뽑은 사람을 구하려면

❷ 위 ❶에서 가장 (큰 , 작은) 수를 찾는다.
└ 알맞은 말에 ○표 하기

문제 풀기

❶ 64 > ☐ > ☐ 이므로

가장 작은 수는 ☐ 이다.

❷ 번호표를 가장 먼저 뽑은 사람은 ☐ 이다.

답 ________________

문해력 레벨업 가장 큰 수를 찾아야 할지, 가장 작은 수를 찾아야 할지 알아보자.

가장 많은 가장 순서가 늦은 가장 나중에 뽑은 ⋮	가장 적은 가장 순서가 빠른 가장 먼저 뽑은 ⋮
↓	↓
가장 큰 수를 찾는다.	가장 작은 수를 찾는다.

• 정답과 해설 2쪽
복습책 3쪽에 유사, 심화문제 제공

쌍둥이 문제

3-1

어린이 마라톤 경기에서 은주는 75번째,/ 민호는 86번째,/ 민하는 77번째로 ※결승점에 들어왔습니다./ 세 사람 중 결승점에 가장 나중에 들어온 사람은 누구인가요?

따라 풀기 ❶

문해력 어휘
결승점: 운동 경기에서 승부가 결정되는 지점

❷

답 ____________

문해력 레벨 1

3-2

색종이를 서준이는 89장 가지고 있고,/ 영우는 10장씩 묶음 6개와 낱장 25장,/ 민재는 86장 가지고 있습니다./ 색종이를 가장 많이 가지고 있는 사람은 누구인가요?

스스로 풀기 ❶ 영우가 가지고 있는 색종이는 모두 몇 장인지 구하기

❷ 색종이를 가장 많이 가지고 있는 사람은 누구인지 쓰기

답 ____________

문해력 레벨 2

3-3

지아, 윤정, 세주가 훌라후프를 돌렸습니다./ 지아는 78번,/ 윤정이는 여든네 번,/ 세주는 79번보다 1번 더 많이 돌렸습니다./ 훌라후프를 적게 돌린 사람부터 차례로 이름을 쓰세요.

스스로 풀기 ❶ 윤정이가 돌린 훌라후프의 수 쓰기

❷ 세주가 돌린 훌라후프의 수 구하기

❸ 훌라후프를 적게 돌린 사람부터 차례로 이름 쓰기

답 ____________

공부한 날 월 일

일

수학 문해력 기르기

관련 단원 100까지의 수

문해력 문제 4

어떤 수보다 1만큼 더 큰 수는 65입니다./
어떤 수보다 1만큼 더 작은 수는 얼마인지 구하세요.
└ 구하려는 것

해결 전략

❶ (어떤 수) —1만큼 더 큰 수→ (65)

↓

(어떤 수) ←1만큼 더 [ ] 수— (65)

어떤 수보다 1만큼 더 작은 수를 구하려면

❷ 어떤 수 바로 (앞 , 뒤)의 수를 구한다.
└ 알맞은 말에 ○표 하기

문제 풀기

❶ 어떤 수보다 1만큼 더 큰 수가 65이므로

어떤 수는 65보다 1만큼 더 작은 수인 [ ] 이다.

❷ [ ] 보다 1만큼 더 작은 수는 [ ] 이다.

답 ____________

문해력 레벨업 1만큼 더 큰 수는 바로 뒤의 수이고, 1만큼 더 작은 수는 바로 앞의 수이다.

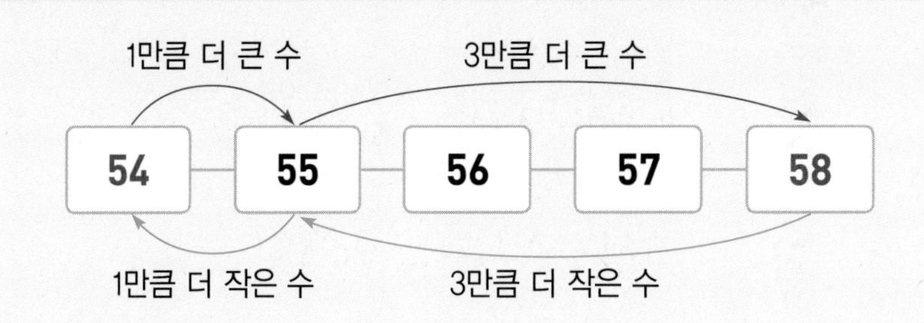

쌍둥이 문제

4-1 어떤 수보다 1만큼 더 큰 수는 59입니다./ 어떤 수보다 1만큼 더 작은 수는 얼마인지 구하세요.

따라 풀기 ❶

❷

답 ____________

문해력 레벨 1

4-2 어떤 수보다 1만큼 더 작은 수는 84입니다./ 어떤 수보다 1만큼 더 큰 수는 얼마인지 구하세요.

스스로 풀기 ❶

❷

답 ____________

문해력 레벨 2

4-3 지윤이네 할아버지의 나이보다 1살 더 많은 나이는 80살입니다./ 지윤이네 할아버지의 나이보다 3살 더 적은 나이는 몇 살인지 구하세요.

스스로 풀기 ❶ 지윤이네 할아버지의 나이 구하기

❷ 지윤이네 할아버지의 나이보다 3살 더 적은 나이 구하기

답 ____________

3일 수학 문해력 기르기

관련 단원 100까지의 수

문해력 문제 5

4장의 수 카드 중에서 2장을 뽑아/
한 번씩만 사용하여 몇십몇을 만들려고 합니다./
만들 수 있는 수 중에서 가장 큰 수를 쓰세요.
└ 구하려는 것

8 3 2 5

해결 전략

가장 큰 수를 만들어야 하므로

❶ 4장의 수 카드의 수를 큰 수부터 차례로 쓴다.

가장 큰 몇십몇을 만들어야 하므로

❷ 10개씩 묶음의 수에 (가장 큰 수 , 가장 작은 수)를 놓고
└ 알맞은 말에 ○표 하기
낱개의 수에 (두 번째로 큰 수 , 두 번째로 작은 수)를 놓아야 한다.

문제 풀기

❶ 수 카드의 수의 크기를 비교하면 8> ☐ > ☐ > ☐ 이다.

❷ 가장 큰 몇십몇 만들기

10개씩 묶음의 수는 8이고, 낱개의 수는 ☐ 인 수를 만든다.

➔ 만들 수 있는 가장 큰 수: ☐

답 ______________

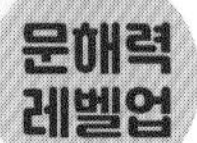

문해력 레벨업 10개씩 묶음의 수가 클수록 큰 수임을 이용하자.

예 9, 5, 2 에서 2장을 뽑아 몇십몇 만들기
가장 큰 수 가장 작은 수

• **가장 큰 수 만들기**
수 카드의 수의 크기를 비교하여
큰 수부터 차례로 놓는다.
➔ 9 5

• **가장 작은 수 만들기**
수 카드의 수의 크기를 비교하여
작은 수부터 차례로 놓는다.
➔ 2 5

쌍둥이 문제

5-1 4장의 수 카드 중에서 2장을 뽑아/ 한 번씩만 사용하여 몇십몇을 만들려고 합니다./ 만들 수 있는 수 중에서 가장 큰 수를 쓰세요.

6 1 7 5

따라 풀기 ❶

❷

답 ____________

문해력 레벨 1

5-2 4장의 수 카드 중에서 2장을 뽑아/ 한 번씩만 사용하여 몇십몇을 만들려고 합니다./ 만들 수 있는 수 중에서 가장 작은 수를 쓰세요.

7 4 2 5

스스로 풀기 ❶

❷

답 ____________

문해력 레벨 2

5-3 4장의 수 카드 중에서 2장을 뽑아/ 한 번씩만 사용하여 몇십몇을 만들려고 합니다./ 만들 수 있는 수 중에서 두 번째로 큰 수를 구하세요.

2 6 3 9

스스로 풀기 ❶ 수 카드의 수의 크기 비교하기

❷ 가장 큰 몇십몇 만들기

❸ 만들 수 있는 두 번째로 큰 몇십몇 구하기

답 ____________

수학 문해력 기르기

관련 단원 100까지의 수

문해력 문제 6

오른쪽과 같이 몇십몇을 적은 종이가 찢어져서/ 낱개의 수가 보이지 않습니다./ 이 수가 74보다 작은 수일 때/ 1부터 9까지의 수 중에서/ 낱개의 수가 될 수 있는 수를 모두 구하세요.

└ 구하려는 것

해결 전략

❶ 낱개의 수를 ■라 하면 7■는 74보다 작은 수이다.

■가 될 수 있는 수를 구하려면

❷ 10개씩 묶음의 수가 같으므로 낱개의 수를 비교하여 ■가 될 수 있는 수를 모두 구한다.

문제 풀기

❶ 낱개의 수를 ■라 하면 7■ ◯ 74이다.

└ >, < 중 알맞은 것 쓰기

❷ 10개씩 묶음의 수가 같으므로 낱개의 수를 비교하면

■는 □보다 작아야 한다.

➔ ■가 될 수 있는 수: □, □, □

답 ____________________

문해력 레벨업 수의 크기를 비교하여 □ 안에 들어갈 수 있는 수를 구하자.

• □가 낱개의 자리에 있는 경우

예 6□는 65보다 큽니다. ➔ 6□ > 65

10개씩 묶음의 수가 같으므로 낱개의 수를 비교하면 □ > 5이다.

• □가 10개씩 묶음의 자리에 있는 경우

예 □6은 65보다 큽니다. ➔ □6 > 65

10개씩 묶음의 수를 비교하면 □ > 6이고 낱개의 수를 비교하면 6 > 5이므로 □ 안에는 6이나 6보다 큰 수가 들어갈 수 있다.

쌍둥이 문제

6-1 오른쪽과 같이 몇십몇을 적은 종이에 물감이 묻어서/ 10개씩 묶음의 수가 보이지 않습니다./ 이 수가 53보다 큰 수일 때/ 1부터 9까지의 수 중에서/ 10개씩 묶음의 수가 될 수 있는 수를 모두 구하세요.

따라 풀기 ❶

❷

답 ______

문해력 레벨 1

6-2 지아와 민주는 각각 몇십몇의 수를 종이에 적었습니다./ 지아가 적은 수는 86이고/ 민주가 적은 수는 ■9라고 합니다./ 민주가 적은 수는 지아가 적은 수보다 작은 수일 때/ 1부터 9까지의 수 중에서/ ■가 될 수 있는 가장 큰 수를 구하세요.

스스로 풀기 ❶

❷

답 ______

문해력 레벨 2

6-3 1부터 9까지의 수 중에서/ □ 안에 공통으로 들어갈 수 있는 수를 모두 구하세요.

• 76은 7□보다 작습니다.
• □8은 57보다 큽니다.

스스로 풀기 ❶ 첫 번째 조건에서 □ 안에 알맞은 수 구하기

❷ 두 번째 조건에서 □ 안에 알맞은 수 구하기

❸ □ 안에 공통으로 들어갈 수 있는 수 구하기

답 ______

4일 수학 문해력 기르기

관련 단원 100까지의 수

문해력 문제 7

수영장의 사물함에 순서대로 번호가 적혀 있습니다./
56번과 62번 사이에 있는 사물함 중에서/
홀수가 적힌 사물함은 모두 몇 개인가요?
└• 구하려는 것

해결 전략

56번과 62번 사이에 있는 번호를 구하려면

❶ 56보다 (크고 , 작고) 62보다 (큰 , 작은) 수를 모두 쓴다.
└• 알맞은 말에 ○표 하기

문해력 주의
●와 ▲ 사이에 있는 수에는 ●와 ▲가 포함되지 않아.

56번과 62번 사이에 있는 홀수의 개수를 구하려면

❷ 위 ❶에서 구한 수 중에서 둘씩 짝을 지을 수 없는 수를 모두 찾는다.

문제 풀기

❶ 56번과 62번 사이에 있는 사물함의 번호는
57번, ☐번, ☐번, 60번, ☐번이다.

❷ 위 ❶에서 구한 번호 중에서 홀수는 57번, ☐번, ☐번이므로
홀수가 적힌 사물함은 모두 ☐개이다.

답 ________________

문해력 레벨업 조건에 맞는 수를 차례로 구하자.

예 21과 26 사이에 있는 수 중에서 홀수와 짝수 구하기

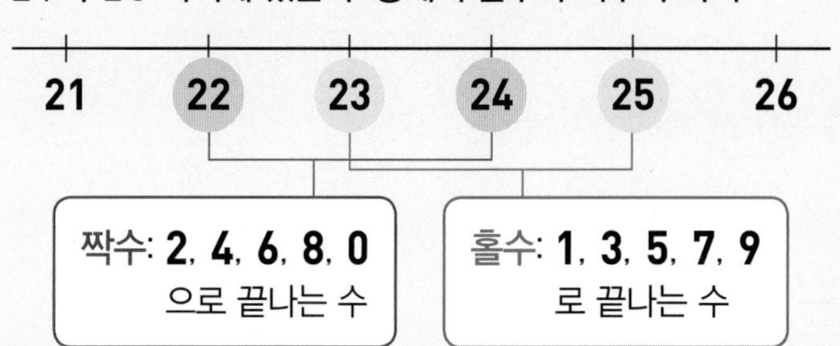

21과 26 사이에 있는 수는 21보다 1만큼 더 큰 수부터 26보다 1만큼 더 작은 수까지야.

• 정답과 해설 4쪽

복습책 7쪽에 유사, 심화문제 제공

쌍둥이 문제

7-1 ※도미노 게임을 하기 위해/ 도미노에 번호를 적어서 순서대로 놓았습니다./ 85번과 93번 사이에 있는 도미노 중에서/ 짝수가 적힌 도미노는 모두 몇 개인가요?

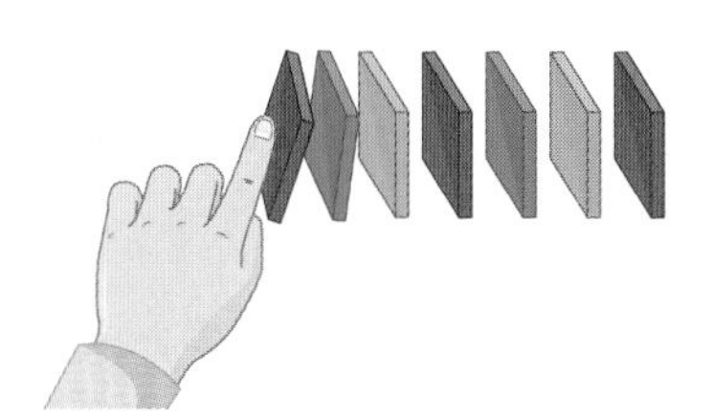

따라 풀기 ❶

❷

문해력 백과
도미노 게임: 나무 등으로 만든 조각을 연속으로 쓰러뜨리는 게임

답 ____________

문해력 레벨 1

7-2 세희네 학교에서는 어린이날 행사에 선물을 주기 위해/ 선물에 번호를 적어서 순서대로 놓았습니다./ 74번과 86번 사이에 있는 선물 중에서/ 홀수가 적힌 선물은 모두 몇 개인가요?

스스로 풀기 ❶

❷

답 ____________

문해력 레벨 2

7-3 10개씩 묶음이 6개이고 낱개가 16개인 수가 있습니다./ 이 수와 87 사이에 있는 수 중에서/ 짝수는 모두 몇 개인가요?

스스로 풀기 ❶ 10개씩 묶음이 6개이고 낱개가 16개인 수 구하기

❷ 위 ❶에서 구한 수와 87 사이에 있는 수 구하기

❸ 위 ❷에서 구한 수 중에서 짝수의 개수 구하기

답 ____________

일 수학 문해력 기르기

관련 단원 100까지의 수

문해력 문제 8

소윤이의 설명을 모두 만족하는 수는/ 몇 개인지 구하세요.
└ 구하려는 것

- 55보다 크고 63보다 작은 수입니다.
- 10개씩 묶음의 수가 낱개의 수보다 작습니다.

해결 전략

소윤이가 설명하는 수가 몇 개인지 구하려면

❶ 55보다 크고 [ ] 보다 작은 수를 모두 구한 후

❷ 위 ❶에서 구한 수 중에서 10개씩 묶음의 수가 낱개의 수보다 작은 수를 모두 찾아 개수를 세어 본다.

문제 풀기

❶ 55보다 크고 63보다 작은 수는

56, 57, 58, 59, [ ], [ ], [ ]이다.

❷ 위 ❶에서 구한 수 중에서 10개씩 묶음의 수가 낱개의 수보다 작은 수는

[ ], [ ], [ ], [ ]이다.

→ 설명을 모두 만족하는 수는 [ ]개이다.

답 ____________

문해력 레벨업 설명을 하나씩 따져 가며 설명을 모두 만족하는 수를 구하자.

예

- 50보다 크고 60보다 작은 수이다. → 51, 52, 53, 54, 55, 56, 57, 58, 59 → 10개씩 묶음의 수가 5이다.
- 낱개의 수가 2보다 크고 6보다 작다. → 낱개의 수가 될 수 있는 수는 3, 4, 5이다.

→ 설명을 모두 만족하는 수: 53, 54, 55

• 정답과 해설 5쪽
복습책 8쪽에 유사, 심화문제 제공

쌍둥이 문제

8-1 다음 설명을 모두 만족하는 수는/ 몇 개인지 구하세요.

- 76보다 크고 85보다 작은 수입니다.
- 10개씩 묶음의 수가 낱개의 수보다 큽니다.

따라 풀기 ①

②

답 ______

문해력 레벨 1

8-2 세 사람의 설명을/ 모두 만족하는 수를 구하세요.

서준: 64보다 크고 72보다 작은 수야.

은우: 10개씩 묶음의 수가 낱개의 수보다 작아.

민재: 짝수야.

스스로 풀기 ①

②

③

답 ______

문해력 레벨 2

8-3 10부터 99까지의 수 중/ 다음 설명을 모두 만족하는 수는/ 몇 개인지 구하세요.

- 10개씩 묶음의 수가 6보다 크고 9보다 작습니다.
- 10개씩 묶음의 수와 낱개의 수의 합이 10보다 작습니다.
- 홀수입니다.

스스로 풀기 ① 10개씩 묶음의 수가 될 수 있는 수 구하기

② 위 ①에서 구한 수 중에서 10개씩 묶음의 수와 낱개의 수의 합이 10보다 작은 수 구하기

③ 위 ②에서 구한 수 중에서 홀수를 찾아 설명을 모두 만족하는 수의 개수 구하기

답 ______

5일 수학 문해력 완성하기

관련 단원 100까지의 수

기출 1 |보기|와 같이 약속할 때/ ㉠에 알맞은 수를 구하세요.

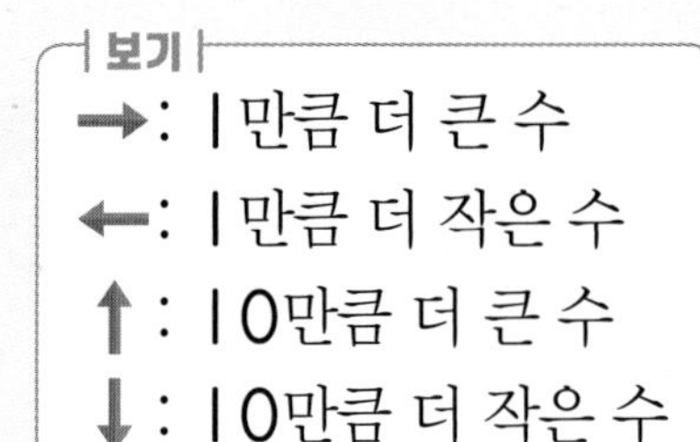

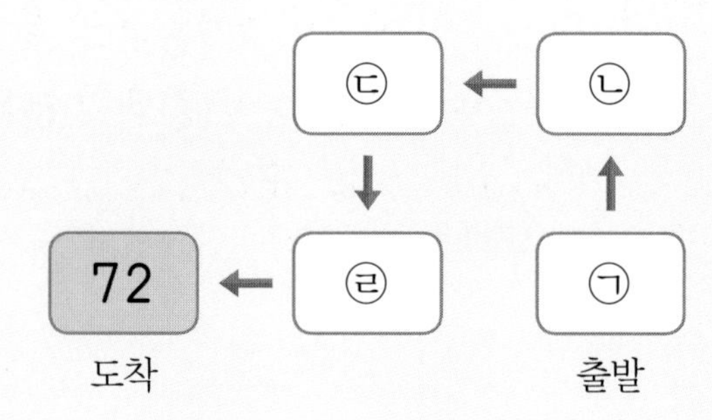

해결 전략

도착한 수에서 순서를 거꾸로 생각하여 수를 구하자.

50 (출발) —10만큼 더 큰 수→ 60 —1만큼 더 큰 수→ 61 (도착)

61 —1만큼 더 작은 수→ 60 —10만큼 더 작은 수→ 50

※18년 하반기 20번 기출 유형

문제 풀기

❶ ㉣에 알맞은 수 구하기

㉣보다 1만큼 더 작은 수가 72이므로 ㉣은 ☐이다.

❷ ㉢에 알맞은 수 구하기

㉢보다 10만큼 더 작은 수가 ☐(㉣)이므로 ㉢은 ☐이다.

❸ ㉡에 알맞은 수 구하기

㉡보다 1만큼 더 작은 수가 ☐(㉢)이므로 ㉡은 ☐이다.

❹ ㉠에 알맞은 수 구하기

답 ________

관련 단원 100까지의 수

앞면과 뒷면에 쓰인 두 수의 합이 8인/ 수 카드가 3장 있습니다./ 수 카드의 앞면이 [3], [4], [5]일 때,/ 2장을 골라 한 번씩만 사용하여 몇십몇을 만들려고 합니다./ 만들 수 있는 수 중 서로 다른 홀수는 모두 몇 개인가요?/ (이때, 뒷면에 쓰인 수를 사용해서도 수를 만들 수 있습니다.)

해결 전략

※19년 하반기 23번 기출 유형

문제 풀기

❶ 뒷면에 쓰인 수 구하기

• 〈앞면〉 [3] [4] [5]

• 〈뒷면〉 [5] [ ] [ ]

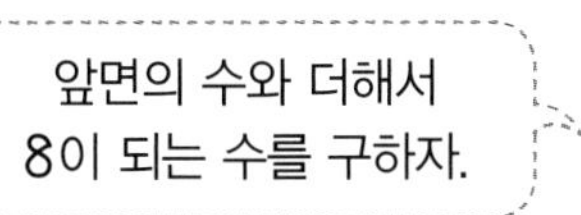

❷ 수 카드 2장을 골라 한 번씩만 사용하여 몇십몇 만들기

34, 35, 33, 43, [ ], [ ], [ ], [ ]

❸ 위 ❷에서 구한 수 중에서 홀수의 개수 구하기

답 ____________

수학 문해력 완성하기

관련 단원 100까지의 수

창의 3 다음과 같이 도형을 색칠하여 수를 나타낼 때/ ㉠과 ㉡이 나타내는 수를 쓰세요.

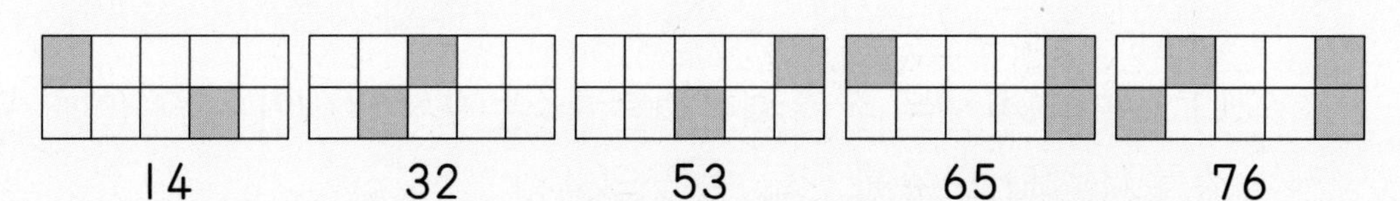

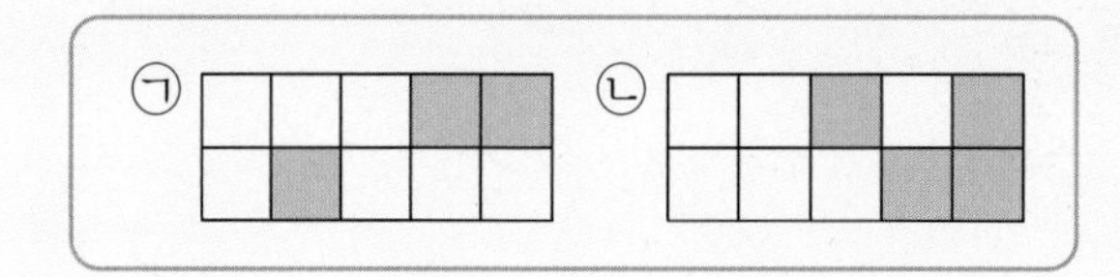

해결 전략

각 칸이 나타내는 수가 얼마인지 찾는다.

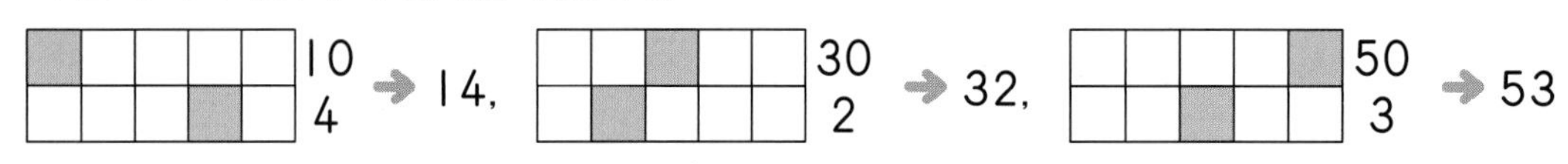

문제 풀기

❶ 도형 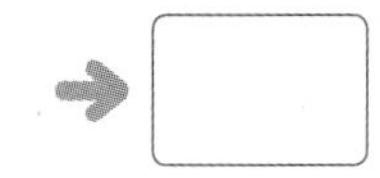에서 각 칸이 나타내는 수 구하기

윗줄은 왼쪽부터 10, 20, 30, ☐, ☐을/를 나타내고

아랫줄은 왼쪽부터 1, 2, ☐, ☐, ☐을/를 나타낸다.

❷ ㉠과 ㉡이 나타내는 수 구하기

㉠ 윗줄은 40과 50을 나타내고 아랫줄은 2를 나타낸다. ➔ ☐

㉡ 윗줄은 30과 ☐을/를 나타내고 아랫줄은 4와 ☐을/를 나타낸다.

➔ ☐

답 ㉠: ________, ㉡: ________

관련 단원 100까지의 수

융합 4 경주에서 발견된※주령구는 지금의 주사위와 비슷합니다./ 신라의 귀족들은 주령구를 굴려서/ 여러 놀이를 즐겼습니다./ 그림과 같이 1부터 6까지의 수가 적힌 주사위가 있습니다./ 주사위 2개를 동시에 굴려서 나온 수로/ 몇십몇을 만들려고 합니다./ 만들 수 있는 수 중에서 53보다 크고 65보다 작은 수는/ 모두 몇 개인지 구하세요.

〈주령구〉

해결 전략

• 주사위에는 1, 2, 3, 4, 5, 6이 적혀 있다.

10개씩 묶음의 수가 될 수 있는 수를 구한다. → 주사위로 만들 수 있는 수 중에서 53보다 크고 65보다 작은 수를 구한다.

문제 풀기

❶ 10개씩 묶음의 수가 될 수 있는 수 구하기

53보다 크고 65보다 작은 수이므로 10개씩 묶음의 수는 5와 ☐ 이/가 될 수 있다.

❷ 주사위로 만들 수 있는 53보다 크고 65보다 작은 수를 구하여 모두 몇 개인지 구하기

10개씩 묶음의 수가 5일 때:

10개씩 묶음의 수가 6일 때:

→ ☐ 개

문해력 백과
주령구: 숫자가 아닌 문장이 적혀 있어 게임을 하기 위해 만들었다고 짐작할 수 있다.
예 금성작무(禁聲作舞): '음악없이 춤추기'라는 뜻으로 주령구의 규칙 중 하나이다.

답 ______

수학 문해력 평가하기

문제를 읽고 조건을 표시하면서 풀어 봅니다.

10쪽 문해력 1

1 과일 가게에서 포도 72송이를 한 상자에 10송이씩 담아 팔려고 합니다. 포도를 몇 상자까지 팔 수 있는지 구하세요.

풀이

답 ______________

12쪽 문해력 2

2 옥수수가 66개 있습니다. 옥수수를 한 상자에 10개씩 담으려고 합니다. 상자 7개를 모두 채우려면 옥수수는 몇 개 더 있어야 하는지 구하세요.

풀이

답 ______________

14쪽 문해력 3

3 공항에서 한 줄로 서서 비행기를 탔습니다. 유리는 88번째, 지수는 84번째, 민영이는 92번째로 비행기를 탔습니다. 세 사람 중 가장 먼저 비행기에 탄 사람은 누구인가요?

출처: ©DerekTeo/shutterstock

풀이

답 ______________

• 정답과 해설 6쪽

16쪽 문해력 4

4 어떤 수보다 1만큼 더 큰 수는 81입니다. 어떤 수보다 1만큼 더 작은 수는 얼마인지 구하세요.

풀이

답 ____________________

22쪽 문해력 7

5 어느 행사장에서※경품 추첨을 하기 위해 경품에 번호를 적어서 순서대로 놓았습니다. 87번과 98번 사이에 있는 경품 중에서 홀수가 적힌 경품은 모두 몇 개인가요?

풀이

답 ____________________

14쪽 문해력 3

6 붙임딱지를 재현이는 91장 가지고 있고, 은채는 10장씩 묶음 7개와 낱장 22장, 소진이는 89장 가지고 있습니다. 붙임딱지를 가장 많이 가지고 있는 사람은 누구인가요?

풀이

답 ____________________

문해력 어휘

경품: 번호를 뽑아 당첨된 사람에게 선물로 주는 물품

공부한 날 월 일

수학 문해력 평가하기

18쪽 문해력 5

7 4장의 수 카드 중에서 2장을 뽑아 한 번씩만 사용하여 몇십몇을 만들려고 합니다. 만들 수 있는 수 중에서 가장 작은 수를 쓰세요.

6 | 1 | 9 | 5

풀이

답 ______________

24쪽 문해력 8

8 다음 설명을 모두 만족하는 수는 몇 개인지 구하세요.

- 85보다 크고 95보다 작은 수입니다.
- 10개씩 묶음의 수가 낱개의 수보다 큽니다.

풀이

답 ______________

• 정답과 해설 6쪽

20쪽 문해력 6

9 오른쪽과 같이 몇십몇을 적은 종이가 찢어져서 10개씩 묶음의 수가 보이지 않습니다. 이 수가 63보다 큰 수일 때 1부터 9까지의 수 중에서 10개씩 묶음의 수가 될 수 있는 수를 모두 구하세요.

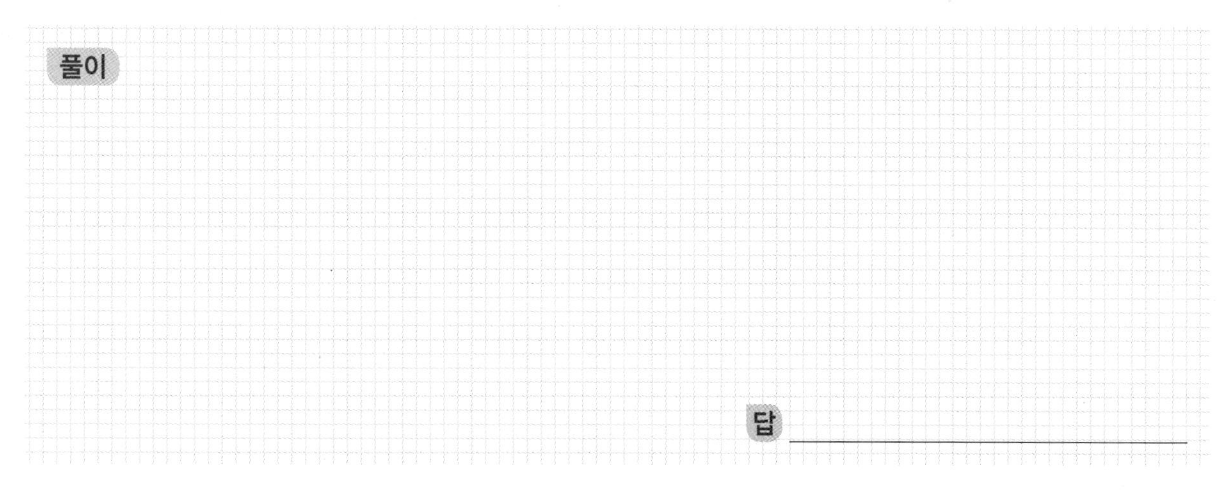

24쪽 문해력 8

10 세 사람의 설명을 모두 만족하는 수를 구하세요.

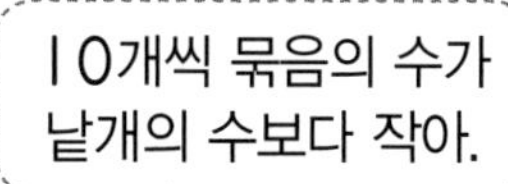

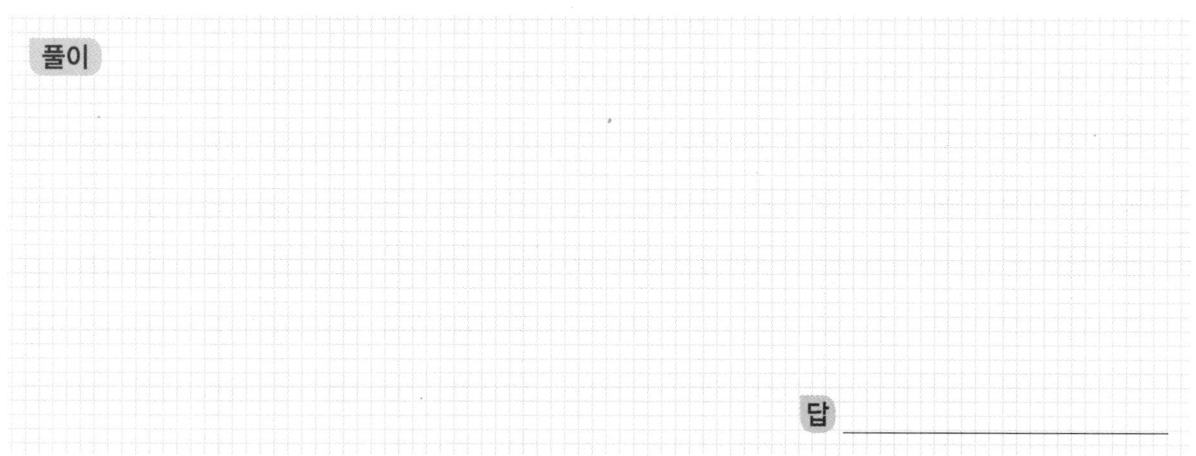

덧셈과 뺄셈(1)

덧셈과 뺄셈은 실생활과 밀접하게 관련된 수학이에요.
앞에서 배운 100까지의 수와
한 자리 수의 덧셈과 뺄셈을 기초로 하여
받아올림과 받아내림이 없는 두 자리 수의 덧셈과 뺄셈을
실생활 상황을 이용한 문제를 통하여 해결해 봐요.

이번 주에 나오는 어휘 & 지식백과

40쪽 반납 (返 돌이킬 반, 納 들일 납)
빌리거나 받은 것을 도로 돌려줌

42쪽 켤레
신발, 양말, 버선 등의 짝이 되는 두 개를 하나로 세는 단위

43쪽 목장 (牧 기를 목, 場 마당 장)
소나 말, 양, 사슴, 염소 등을 놓아 기르는 곳

46쪽 건전지 (乾 마를 건, 電 번개 전, 池 연못 지)
모아둔 전기에너지를 필요할 때 사용할 수 있도록 만든 장치이다. 가벼워서 가지고 다니며 사용하기 편리하다.

49쪽 회전목마 (回 돌아올 회, 轉 구를 전, 木 나무 목, 馬 말 마)
원 모양의 판 위에 말 모형을 두고 사람을 태워서 빙글빙글 돌리는 놀이 기구

53쪽 독감 (毒 독 독, 感 느낄 감)
일반 감기와 독감은 기침, 재채기, 높은 열 등 증상이 같기 때문에 구분하기가 어렵다. 차이점이라면 일반 감기는 여러 가지 바이러스가 원인이고, 독감은 인플루엔자 바이러스라는 한 가지 바이러스가 원인이다. 따라서 독감은 매년 유행할 것으로 예상되는 인플루엔자의 백신이 개발되고 있다.

문해력 기초 다지기

문장제에 적용하기

연산 문제가 어떻게 문장제가 되는지 알아봅니다.

1 24+3

24보다 3만큼 더 큰 수는 얼마인가요?

식 24+3=☐

답 ____

2 50+10

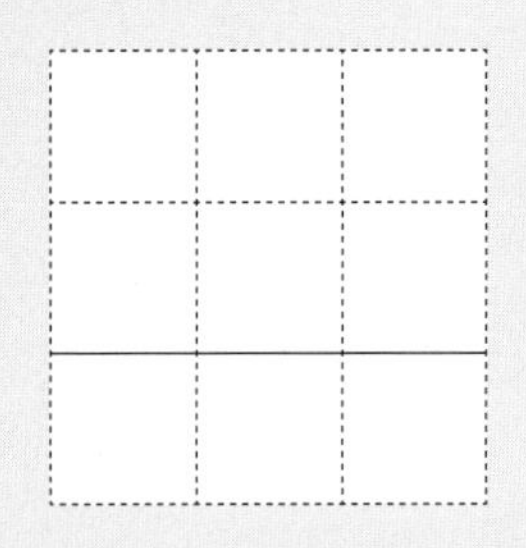

자전거대여소에 1인용 자전거가 **50**대,
2인용 자전거가 **10**대 있습니다.
자전거는 **모두 몇 대**인가요?

식 ____

꼭! 단위까지 따라 쓰세요.

답 ____ 대

3 36+12

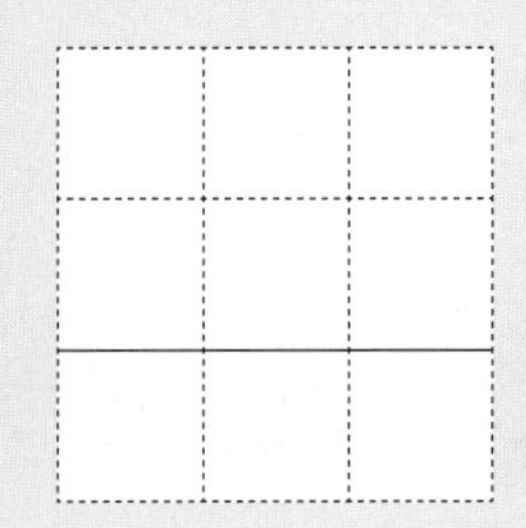

냉장고에 갈색 달걀이 **36**개,
흰색 달걀이 **12**개 있습니다.
달걀은 **모두 몇 개**인가요?

식 ____

답 ____ 개

4 **47－2**

» **47**과 **2**의 **차**는 얼마인가요?

식 47－2=

답

5 **80－30**

» **80**보다 **30**만큼 **더 작은 수**는 얼마인가요?

식

답

6 **69－26**

» 송편이 모두 **69**개 있습니다.
그중 **26**개의 송편을 먹었다면
남은 송편은 **몇 개**인가요?

식

꼭! 단위까지 따라 쓰세요.

답 개

7 **78－34**

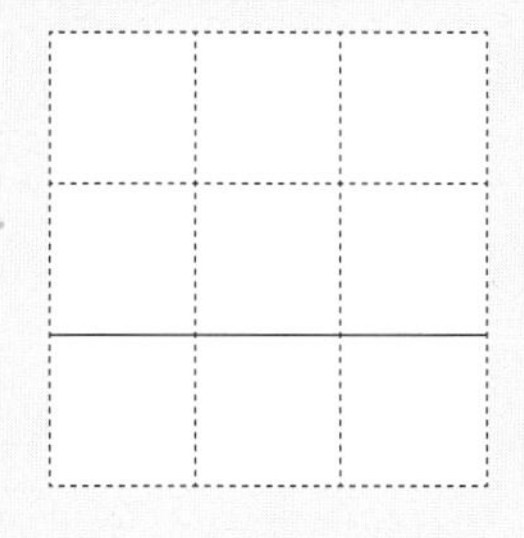

» 빨간 색연필이 **78자루**,
파란 색연필이 **34자루** 있습니다.
빨간 색연필은 파란 색연필보다 **몇 자루 더 많은가요?**

식

답 자루

공부한 날 월 일

문해력 기초 다지기

문장 읽고 문제 풀기

간단한 문장제를 풀어 봅니다.

1 어항에 물고기가 **32마리** 있습니다.
물고기 **5마리**를 사서 더 넣었다면
어항에 있는 물고기는 **모두 몇 마리**인가요?

식 ______________ 답 ______________

2 탁구장에 탁구채가 **60개** 있습니다.
탁구공은 탁구채보다 **30개** 더 많다면
탁구공은 **모두 몇 개**인가요?

식 ______________ 답 ______________

3 기훈이네 가족 중에서 할아버지의 나이는 **73살**이고,
누나의 나이는 **16살**입니다.
할아버지와 누나의 나이를 합하면 **몇 살**인가요?

식 ______________ 답 ______________

• 정답과 해설 7쪽

4 상자 안에 귤이 **57개** 있습니다.
주원이가 상자 안에 있는 귤 **4개**를 먹었다면
남은 귤은 몇 개인가요?

식 ____________________ 답 ____________

5 부산에 있는※40계단은 6·25 전쟁 때 살았던 사람들의
슬픔과 기쁨이 남겨진 곳으로 계단이 모두 **40개**입니다.
세윤이가 이 계단의 아래에서부터 **20개**의 계단을 올라갔다면
남은 계단은 몇 개인가요?

식 ____________________ 답 ____________

문해력 백과

40계단: 6·25 전쟁 시기에 피난민들의 장터 또는 헤어진 가족을 만나는 장소로 유명했다.

6 고속버스 한 대는 **46명**까지 탈 수 있습니다.
고속버스에 타고 있는 사람이 **15명**이라면
몇 명이 더 탈 수 있을까요?

식 ____________________ 답 ____________

7 승재는 어제 줄넘기를 **85번** 했습니다.
오늘은 어제보다 **23번** 더 적게 했다면
오늘 한 줄넘기는 몇 번인가요?

식 ____________________ 답 ____________

1일 수학 문해력 기르기

관련 단원 덧셈과 뺄셈(1)

문해력 문제 1

학급 문고에 책이 10권씩 3줄과 ※낱권 5권이 있었습니다./
조금 전 친구들이 빌려간 책 4권을 ※반납했다면/
지금 학급 문고에 있는 책은 모두 몇 권인지 구하세요.
└ 구하려는 것

해결 전략

❶ 학급 문고에 있는 책을 수로 나타내고

지금 학급 문고에 있는 책이 몇 권인지 구하려면

❷ 위 ❶에서 구한 수에 반납한 책의 수를 (더한다 , 뺀다).
└ 알맞은 말에 ○표 하기

문해력 어휘

낱권: 따로따로인 한 권 한 권
반납: 빌리거나 받은 것을 도로 돌려줌

문제 풀기

❶ 학급 문고에 있는 책의 수 구하기

10권씩 3줄과 낱권 5권은 ☐권이다.

❷ (지금 학급 문고에 있는 책의 수)=☐+4=☐(권)

답 ____________

문해력 레벨업 주어진 상황에 맞게 덧셈식 또는 뺄셈식을 만들어 구하자.

예

구하려는 것		식을 만들어 구하기
노란 색종이 14장과 초록 색종이 2장을 사용했습니다. 사용한 색종이는 모두 몇 장인가요?	➜	14+2=16(장)
색종이 14장 중에서 2장을 사용했습니다. 남은 색종이는 몇 장인가요?	➜	14−2=12(장)

쌍둥이 문제

1-1

구슬이 10개씩 묶음 4개와 낱개 3개가 있습니다./ 목걸이를 만드는 데 구슬 5개가 더 필요하다면/ 목걸이를 만드는 데 필요한 구슬은 모두 몇 개인가요?

따라 풀기 ❶

❷

답

문해력 레벨 1

1-2

어느 분식집에 꼬마김밥이 10개씩 묶음 2개와 낱개 8개가 있습니다./ 손님이 꼬마김밥 7개를 먹었다면/ 지금 남아 있는 꼬마김밥은 몇 개인가요?

스스로 풀기 ❶

❷

답

문해력 레벨 2

1-3

운동장에 학생들이 10명씩 8줄로 서고 2명이 남았습니다./ 이 중에서 남학생이 40명이라면/ 여학생은 몇 명인가요?

스스로 풀기 ❶ 운동장에 있는 학생 수 구하기

모든 학생은 남학생과 여학생으로 구분할 수 있어.

❷ 여학생 수 구하기

답

1 일

수학 문해력 기르기

관련 단원 덧셈과 뺄셈(1)

문해력 문제 2

서랍 안에 검은색 양말이 13※켤레 있고,/
흰색 양말은 검은색 양말보다 2켤레 더 많습니다./
서랍 안에 있는 검은색과 흰색 양말은 모두 몇 켤레인지 구하세요.
└ 구하려는 것

해결 전략

흰색 양말의 수를 구하려면

❶ (검은색 양말의 수)+ ☐ 을/를 구하고

문해력 어휘
켤레: 신발, 양말, 버선 등의 짝이 되는 두 개를 하나로 세는 단위

서랍 안에 있는 검은색과 흰색 양말이 모두 몇 켤레인지 구하려면

❷ (검은색 양말의 수) ◯ (흰색 양말의 수)를 구한다.
└ ❶에서 구한 수
└ +, − 중 알맞은 것 쓰기

문제 풀기

❶ (흰색 양말의 수)=13+☐=☐(켤레)

❷ (서랍 안에 있는 검은색과 흰색 양말의 수)
=13+☐=☐(켤레)

답 ____________

문해력 레벨업 '더 많은'은 덧셈으로, '더 적은'은 뺄셈으로 나타내 계산하자.

예

14개보다 3개 더 많은
↓
14+3=17(개)

14개보다 3개 더 적은
↓
14−3=11(개)

쌍둥이 문제

2-1 ※목장에 사슴이 30마리 있고,/ 염소는 사슴보다 20마리 더 많습니다./ 목장에 있는 사슴과 염소는 모두 몇 마리인가요?

따라 풀기 ❶

문해력 어휘

목장: 소, 말, 양, 사슴, 염소 등을 놓아 기르는 곳

❷

답 

문해력 레벨 1

2-2 지난 주 은우와 서준이는 체험학습으로 농장에서 귤을 땄습니다./ 은우와 서준이가 딴 귤은 모두 몇 개인가요?

나는 귤을 24개 땄어.

은우

서준

와! 많이 땄네. 나는 귤을 너보다 4개 더 적게 땄어.

스스로 풀기 ❶

❷

답 

문해력 레벨 2

2-3 시원이는 어제부터 동화책을 읽기 시작했습니다./ 어제는 동화책 15쪽을 읽고,/ 오늘은 어제보다 3쪽을 더 적게 읽었습니다./ 남은 동화책 쪽수가 11쪽일 때/ 시원이가 읽고 있는 동화책은 모두 몇 쪽인가요?

스스로 풀기 ❶ 오늘 읽은 동화책 쪽수 구하기

전체 동화책 쪽수는 어제와 오늘 읽은 쪽수와 남은 쪽수의 합과 같아.

❷ 어제와 오늘 읽은 동화책 쪽수 구하기

❸ 시원이가 읽고 있는 동화책 쪽수 구하기

답

수학 문해력 기르기

문해력 문제 3

오른쪽 수 카드를 한 번씩만 사용하여 만들 수 있는/
가장 큰 몇십몇과/
가장 작은 몇십몇의/
합을 구하세요.
└ 구하려는 것

5	4
1	8

해결 전략

❶ 수 카드의 수의 크기를 비교하고

가장 큰 몇십몇과 가장 작은 몇십몇을 만들려면

❷ 가장 큰 몇십몇은 10개씩 묶음의 수에 (가장 , 두 번째로) 큰 수를,
낱개의 수에 두 번째로 큰 수를 쓰고, └ 알맞은 말에 ○표 하기
가장 작은 몇십몇은 10개씩 묶음의 수에 가장 작은 수를,
낱개의 수에 (가장 , 두 번째로) 작은 수를 쓴다.

❸ 위 ❷에서 구한 두 수를 더한다.

문제 풀기

❶ 수 카드의 수의 크기를 비교하면 1 < 4 < ☐ < ☐ 이다.

❷ 가장 큰 몇십몇은 ☐ 이고, 가장 작은 몇십몇은 ☐ 이다.

❸ ☐ + ☐ = ☐

답 ____________

문해력 레벨업 수 카드를 한 번씩만 사용하여 조건을 만족하는 수를 만들자.

예 9, 3, 2, 6 을 한 번씩만 사용하여 만들 수 있는 가장 큰/작은 몇십몇 구하기

가장 큰 몇십몇

10개씩 묶음의 수	낱개의 수
9	6
↑ 가장 큰 수	↑ 두 번째로 큰 수

가장 작은 몇십몇

10개씩 묶음의 수	낱개의 수
2	3
↑ 가장 작은 수	↑ 두 번째로 작은 수

몇십몇을 만들 때 10개씩 묶음의 수는 0이 될 수 없어!

쌍둥이 문제

3-1 수 카드를 한 번씩만 사용하여 만들 수 있는/ 가장 큰 몇십몇과/ 가장 작은 몇십몇의/ 합을 구하세요.

4	2	3	6

따라 풀기 ❶

❷

❸

답 ______

문해력 레벨 1

3-2 수 카드를 한 번씩만 사용하여 만들 수 있는/ 가장 큰 몇십몇과/ 가장 작은 몇십몇의/ 차를 구하세요.

3	1	9	5

스스로 풀기 ❶

❷

❸

답 ______

문해력 레벨 2

3-3 수 카드 중 4장을 골라/ 한 번씩만 사용하여/ (두 자리 수)−(두 자리 수)를 만들려고 합니다./ 계산 결과가 가장 클 때의 값을 구하세요.

7	4	0	6	1

스스로 풀기 ❶ 수 카드의 수의 크기 비교하기

두 자리 수는
몇십몇 또는 몇십이야.

❷ 가장 큰 두 자리 수와 가장 작은 두 자리 수 구하기

❸ 계산 결과가 가장 클 때의 값 구하기

답 ______

수학 문해력 기르기

관련 단원 덧셈과 뺄셈(1)

문해력 문제 4

가지고 있는※건전지 몇십몇 개 중/
12개를 사용했더니/ 16개가 남았습니다./
처음에 가지고 있던 건전지는 몇 개인지 구하세요.
└ 구하려는 것

해결 전략

문제에 주어진 조건을 그림으로 나타내려면

❶ 처음에 가지고 있던 건전지에 사용한 건전지와 □ 건전지를 나타내는 그림을 그린다.

처음에 가지고 있던 건전지 수를 구하려면

❷ (사용한 건전지 수) ◯ (남은 건전지 수)를 구한다.
└ +, − 중 알맞은 것 쓰기

문해력 백과

건전지: 모아둔 전기에너지를 필요할 때 사용할 수 있도록 만든 장치

문제 풀기

❶ 주어진 조건을 그림으로 나타내기

처음에 가지고 있던 건전지

사용한 건전지 □개 남은 건전지 □개

❷ (처음에 가지고 있던 건전지 수)=□+□=□(개)

답 ______

문해력 레벨업 전체를 나타내는 그림에 사용한 수와 남은 수를 나타내자.

예 가지고 있는 연필 몇십몇 자루 중 11자루를 사용했더니 13자루가 남았습니다.

처음에 가지고 있던 연필

사용한 연필 11자루 남은 연필 13자루

(처음에 가지고 있던 연필 수)−(사용한 연필 수)=(남은 연필 수)
➔ (처음에 가지고 있던 연필 수)=(사용한 연필 수)+(남은 연필 수)

• 정답과 해설 9쪽
복습책 14쪽에 유사, 심화문제 제공

쌍둥이 문제

4-1 가지고 있는 색종이 몇십몇 장 중/ 25장을 사용했더니/ 34장이 남았습니다./ 처음에 가지고 있던 색종이는 몇 장인가요?

따라 풀기 ❶

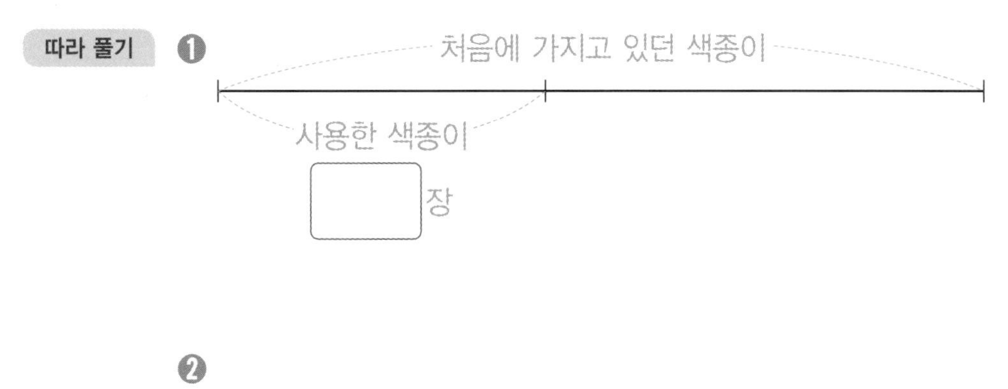

❷

답 ________

문해력 레벨 1

4-2 희선이는 걷기 운동을 하면서 쓰레기를 줍습니다./ 주운 일회용 컵 몇십몇 개와/ 비닐봉지 17개를 합하니/ 모두 37개였습니다./ 희선이가 주운 일회용 컵은 몇 개인가요?

출처: © Africa studio/shutterstock

스스로 풀기 ❶

일회용 컵

❷

답 ________

일 수학 문해력 기르기

관련 단원 덧셈과 뺄셈(1)

문해력 문제 5

꽃바구니에 빨간색 장미가 52송이,/
노란색 장미가 25송이 꽂혀 있습니다./
그중 6송이가 시들어서 버렸습니다./
꽃바구니에 남아 있는 장미는 몇 송이인지 구하세요.
└ 구하려는 것

해결 전략

꽃바구니에 꽂혀 있는 장미 수를 구하려면

❶ 빨간색 장미 수와 노란색 장미 수를 (더하고 , 빼고),
└ 알맞은 말에 ○표 하기

꽃바구니에 남아 있는 장미 수를 구하려면

❷ 위 ❶에서 구한 값에 시들어서 버린 장미 수를 (더한다 , 뺀다).

문제 풀기

❶ (꽃바구니에 꽂혀 있는 장미 수)=52 ◯ 25=☐(송이)
└ +, − 중 알맞은 것 쓰기

❷ (꽃바구니에 남아 있는 장미 수)=☐ ◯ 6=☐(송이)

답 ____________

문해력 레벨업 주어진 상황의 순서에 맞게 앞에서부터 차례로 식을 세워 계산하자.

예 지금 버스에 타고 있는 사람 수 구하기

버스에 어린이 10명과 어른 15명이 타고 있었는데/ 이번 정류장에서 13명이 내렸다.

→ 10+15=25(명),
25−13=12(명)

버스에 25명이 타고 있었는데 이번 정류장에서 11명이 내리고/ 5명이 탔다.

→ 25−11=14(명),
14+5=19(명)

쌍둥이 문제

5-1 주호는 딸기맛 사탕을 30개,/ 포도맛 사탕을 26개 가지고 있습니다./ 그중 15개를 친구들과 함께 나누어 먹었습니다./ 남은 사탕은 몇 개인가요?

따라 풀기 ①

②

답 ____________

문해력 레벨 1

5-2 어느 놀이동산에서※회전목마를 타기 위해 98명이 줄을 서 있었습니다./ 그중 56명이 회전목마를 타러 갔고,/ 30명이 새로 와서 줄을 섰습니다./ 지금 회전목마를 타기 위해 줄을 서 있는 사람은 몇 명인가요?

스스로 풀기 ①

문해력 백과
회전목마: 원 모양의 판 위에 말 모형을 두고 사람을 태워서 빙글빙글 돌리는 놀이 기구

②

답 ____________

문해력 레벨 2

5-3 찐빵 29개를 쪘습니다./ 기태가 2개를 먹고,/ 나머지 가족이 먹은 찐빵은 기태가 먹은 찐빵보다 9개 더 많습니다./ 남은 찐빵은 몇 개인가요?

스스로 풀기 ① 기태가 먹고 남은 찐빵 수 구하기

② 나머지 가족이 먹은 찐빵 수 구하기

③ 남은 찐빵 수 구하기

답 ____________

3일 수학 문해력 기르기

관련 단원 덧셈과 뺄셈(1)

문해력 문제 6

어떤 수 몇십몇에/
14를 더해야 할 것을/ 잘못하여 뺐더니/
31이 되었습니다./
바르게 계산한 값을 구하세요.
└ 구하려는 것

해결 전략

(어떤 수 몇십몇을 구하려면)

❶ 어떤 수를 ■▲라 하여 잘못 계산한 식을 쓰고

❷ 위 ❶의 식을 만족하는 어떤 수 ■▲를 구한다.

(바르게 계산한 값을 구하려면)

❸ 위 ❷에서 구한 어떤 수 ◯ 14를 구한다.
└ +, − 중 알맞은 것 쓰기

문해력 핵심

10개씩 묶음은 10개씩 묶음끼리, 낱개는 낱개끼리 계산한다.

문제 풀기

❶ 어떤 수를 ■▲라 하여 잘못 계산한 식 쓰기

$$\begin{array}{r} ■\ ▲ \\ -\ 1\ 4 \\ \hline \square \end{array}$$

❷ ■−1=3이므로 ■=□,

▲−4=1이므로 ▲=□

→ ■▲=□

❸ 바르게 계산하면 □+14=□이다.

답 ________

문해력 레벨업 어떤 수를 먼저 구한 후 바르게 계산한 값을 구하자.

예 어떤 수 몇십몇에서 21을 빼야 할 것을 잘못하여 더했더니 57이 되었습니다.

① 어떤 수를 ■▲라 하여 잘못 계산한 식 쓰기

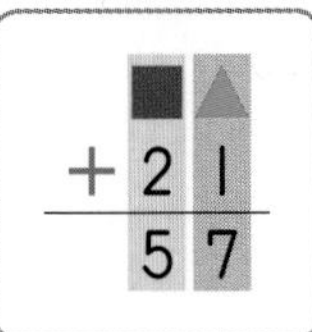

$$\begin{array}{r} ■\ ▲ \\ +\ 2\ 1 \\ \hline 5\ 7 \end{array}$$

② 어떤 수 구하기

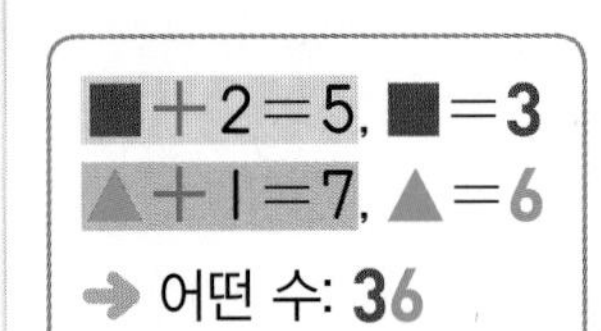

■+2=5, ■=3
▲+1=7, ▲=6
→ 어떤 수: 36

③ 바르게 계산한 값 구하기

$$\begin{array}{r} 3\ 6 \\ -\ 2\ 1 \\ \hline 1\ 5 \end{array}$$

쌍둥이 문제

6-1 어떤 수 몇십몇에/ 23을 더해야 할 것을/ 잘못하여 뺐더니/ 12가 되었습니다./ 바르게 계산한 값을 구하세요.

따라 풀기 ❶

❷

❸

답 ____________

문해력 레벨 1

6-2 어떤 수 몇십몇에서/ 13을 빼야 할 것을/ 잘못하여 더했더니/ 56이 되었습니다./ 바르게 계산한 값을 구하세요.

스스로 풀기 ❶

❷

❸

답 ____________

문해력 레벨 2

6-3 경진이는 어떤 수 몇십몇에서/ 2를 빼야 할 것을/ 잘못하여 더했더니/ 79가 되었고,/ 형수는 어떤 수 몇십몇에/ 4를 더해야 할 것을/ 잘못하여 뺐더니/ 70이 되었습니다./ 바르게 계산한 값이 더 큰 사람의 이름을 쓰세요.

스스로 풀기 ❶ 경진이가 바르게 계산한 값 구하기

❷ 형수가 바르게 계산한 값 구하기

❸ 위 ❶, ❷에서 구한 값의 크기 비교하기

답 ____________

수학 문해력 기르기

관련 단원 덧셈과 뺄셈(1)

문해력 문제 7

오늘 맛나 중국집에서 짜장면과 짬뽕을 주문한 사람 수는 다음과 같습니다./
짜장면을 짬뽕보다 몇 명 더 많이 주문했는지 구하세요.
└ 구하려는 것

짜장면		짬뽕	
남자	여자	남자	여자
44명	23명	22명	32명

해결 전략

짜장면을 짬뽕보다 몇 명 더 많이 주문했는지 구하려면

❶ 짜장면을 주문한 남자와 여자의 수를 더하고

❷ 짬뽕을 주문한 남자와 여자의 수를 더한 후

❸ 위 (❶에서 구한 수) ◯ (❷에서 구한 수)를 구한다.
└ +, − 중 알맞은 것 쓰기

문제 풀기

❶ (짜장면을 주문한 사람 수)=44+ ☐ = ☐ (명)

❷ (짬뽕을 주문한 사람 수)= ☐ +32= ☐ (명)

❸ 짜장면을 짬뽕보다 67− ☐ = ☐ (명) 더 많이 주문했다.

답 ____________

문해력 레벨업 각각의 전체에 해당하는 수를 구하고, 큰 수에서 작은 수를 빼자.

각각의 전체에 해당하는 수를 구하고, 구한 두 수를 비교하여 큰 수에서 작은 수를 빼어 몇 명 더 많은지 구한다.

햄버거		피자	
남자	여자	남자	여자
10명	21명	20명	15명

햄버거: 31명　피자: 35명

➜ 피자가 햄버거보다 35−31=4(명) 더 많다.

어제		오늘	
어른	아이	어른	아이
30명	10명	40명	20명

어제: 40명　오늘: 60명

➜ 오늘이 어제보다 60−40=20(명) 더 많다.

• 정답과 해설 10쪽
복습책 17쪽에 유사, 심화문제 제공

쌍둥이 문제

7-1 어느 병원에서 어제와 오늘※독감 예방 주사를 맞은 사람 수는 다음과 같습니다./ 오늘은 어제보다 독감 예방 주사를 맞은 사람이 몇 명 더 많은지 구하세요.

출처: © Adam Gregor/shutterstock

어제		오늘	
어른	아이	어른	아이
40명	20명	20명	50명

따라 풀기 ❶

❷

❸

문해력 백과
독감: 독감은 인플루엔자 바이러스에 의해 생기는 질병으로 매년 늦가을에서 초겨울에 예방 주사를 맞는 것이 좋다.

답 ______

문해력 레벨 1

7-2 어느 회사에서 가와 나 음료수의 맛 평가 조사를 하였습니다./ 가 음료수를 선택한 사람은 남자가 54명, 여자가 32명이었고,/ 나 음료수를 선택한 사람은 남자가 10명, 여자가 62명이었습니다./ 가와 나 중 어느 음료수를 선택한 사람이 몇 명 더 많은지 차례로 쓰세요.

스스로 풀기 ❶ 가 음료수를 선택한 사람 수 구하기

❷ 나 음료수를 선택한 사람 수 구하기

❸ 어느 음료수를 선택한 사람이 몇 명 더 많은지 구하기

답 ______, ______

공부한 날 월 일

4일 수학 문해력 기르기

관련 단원 덧셈과 뺄셈(1)

문해력 문제 8

길이가 서로 다른 색 막대 3개를 겹치지 않게 붙여 놓았습니다./
빨간색 막대의 길이를 구하세요.
└ 구하려는 것

18 10

13

해결 전략

전체 색 막대의 길이를 구하려면

❶ (빨간색과 노란색 막대의 길이의 합) ◯ (초록색 막대의 길이)를 구하고
└ +, − 중 알맞은 것 쓰기

빨간색 막대의 길이를 구하려면

❷ (전체 색 막대의 길이) ◯ (노란색과 초록색 막대의 길이의 합)을 구한다.
└ ❶에서 구한 수

문제 풀기

❶ (전체 색 막대의 길이)=18+☐=☐

❷ (빨간색 막대의 길이)=☐−13=☐

답 ____________

문해력 레벨업 부분을 더하면 전체가 되고, 전체에서 부분을 빼면 나머지 한 부분이 된다.

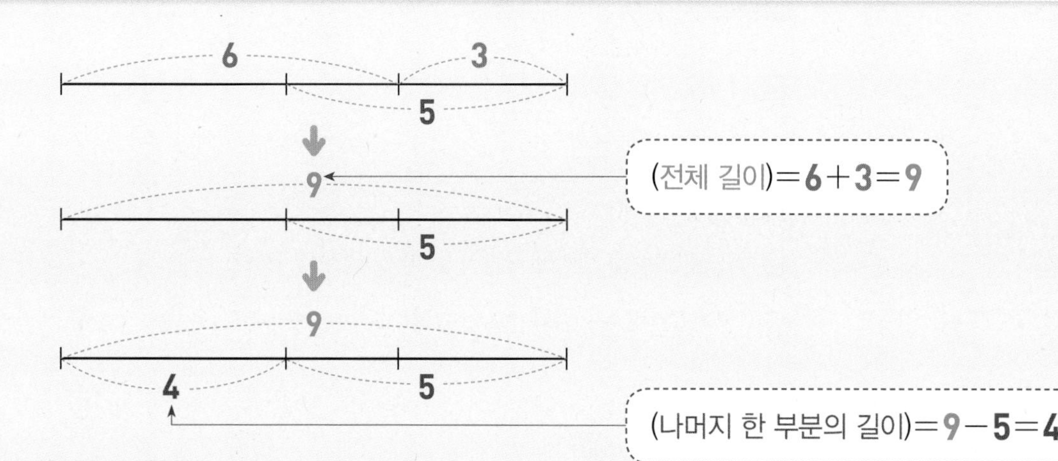

쌍둥이 문제

8-1 길이가 서로 다른 색 막대 3개를 겹치지 않게 붙여 놓았습니다./ 주황색 막대의 길이를 구하세요.

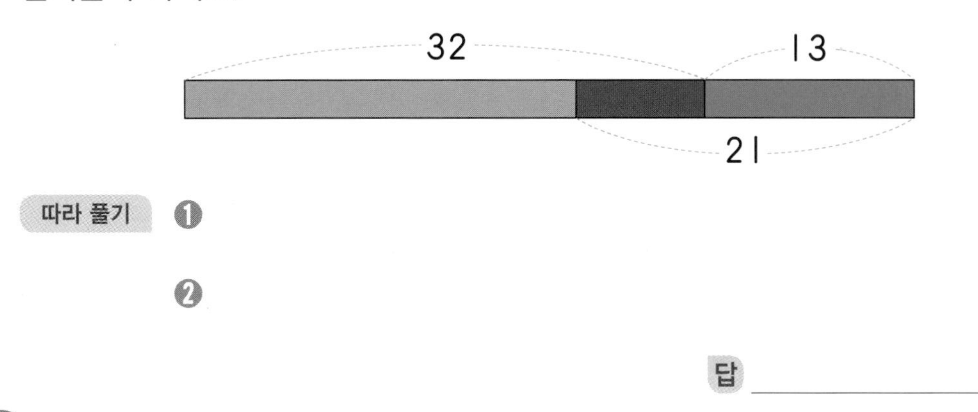

따라 풀기 ❶

❷

답 ______________

문해력 레벨 1

8-2 길이가 서로 다른 색 막대 4개를 길이가 같게 2개씩 겹치지 않게 붙여 놓았습니다./ 노란색 막대의 길이를 구하세요.

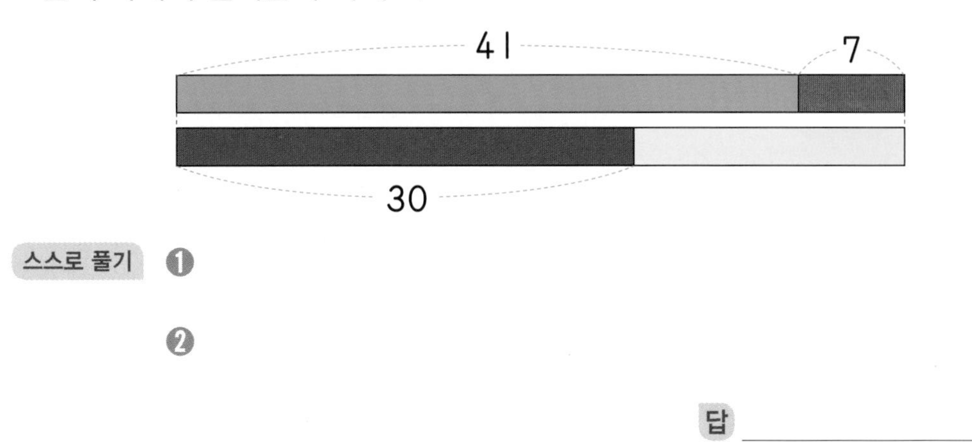

스스로 풀기 ❶

❷

답 ______________

문해력 레벨 2

8-3 길이가 서로 다른 색 막대 3개를 겹치지 않게 붙여 놓았습니다./ 가장 긴 색 막대와 가장 짧은 색 막대의 길이의 차를 구하세요.

33 56

44

스스로 풀기 ❶ 전체 색 막대의 길이를 이용하여 초록색 막대의 길이 구하기

❷ 주황색 막대의 길이 구하기

❸ 가장 긴 색 막대와 가장 짧은 색 막대의 길이의 차 구하기

답 ______________

수학 문해력 완성하기

관련 단원 덧셈과 뺄셈(1)

기출 1 어느 학교 1학년 1반 여학생은 13명,/ 2반 여학생은 15명입니다./ 두 반 학생 수의 합은 68명이고,/ 2반 학생이 1반 학생보다 4명 더 많습니다./ 2반 남학생은 몇 명인지 구하세요.

해결 전략

문제에 주어진 조건을 이해하기 위해 표로 정리한 다음, 두 반 학생 수의 합이 68명인 경우를 찾아본다.

1반		2반	
남학생	여학생	남학생	여학생
	13명		15명

→두 반 학생 수의 합: 68명

※18년 하반기 23번 기출 유형

문제 풀기

❶ 두 반 학생 수의 합이 68명이 되도록 표 만들기

1반 학생 수(명)	34	33	32	31	…
2반 학생 수(명)	34				…
	합이 68	합이 68	합이 68	합이 68	

❷ 위 ❶의 표에서 2반 학생이 1반 학생보다 4명 더 많은 경우 찾기

2반 학생이 1반 학생보다 4명 더 많은 경우는 1반이 ☐명, 2반이 ☐명일 때이다.

❸ 2반 남학생 수 구하기

(2반 남학생 수)=(2반 학생 수)−(2반 여학생 수)=☐−☐=☐(명)

답 ____________

복습책 19~20쪽에 유사, 심화문제 제공

• 정답과 해설 11쪽

관련 단원 덧셈과 뺄셈(1)

㉠, ㉡, ㉢, ㉣은 1부터 5까지의 숫자 중 서로 다른 숫자입니다./ ㉠㉡과 ㉢㉣이 각각 몇십몇을 나타낼 때/ 다음 식을 만족하는 뺄셈식을 모두 쓰세요.

(단, ㉠ > ㉢, ㉡ > ㉣입니다.)

㉠㉡ − ㉢㉣ = 12

해결 전략

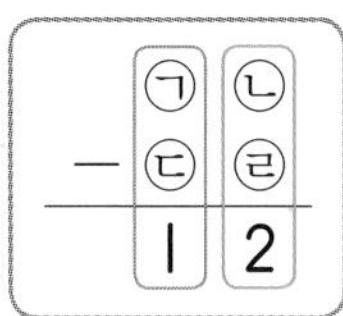

㉡ > ㉣이므로 **받아내림이 없는** 뺄셈식이다.

➔ 십의 자리 계산: ㉠ − ㉢ = 1

일의 자리 계산: ㉡ − ㉣ = 2

※20년 하반기 24번 기출 유형

문제 풀기

❶ 1부터 5까지의 숫자 중 십의 자리 숫자인 (㉠, ㉢)이 될 수 있는 경우 찾기

㉠ − ㉢ = 1이므로 (㉠, ㉢)이 될 수 있는 경우는 (5, 4), (4, □), (3, □), (2, 1)이다.

❷ 1부터 5까지의 숫자 중 일의 자리 숫자인 (㉡, ㉣)이 될 수 있는 경우 찾기

㉡ − ㉣ = 2이므로 (㉡, ㉣)이 될 수 있는 경우는 (5, 3), (4, □), (□, 1)이다.

❸ 위 ❶, ❷에서 구한 수 중 ㉠, ㉡, ㉢, ㉣이 서로 다른 숫자이면서 ㉠㉡ − ㉢㉣ = 12를 만족하는 경우 찾기

(㉠, ㉢) = (5, 4)인 경우 (㉡, ㉣) = (□, □)이고,

(㉠, ㉢) = (2, 1)인 경우 (㉡, ㉣) = (□, □)이다.

따라서 만족하는 뺄셈식은 53 − □ = 12, □ − 13 = 12이다.

답 ______________________

공부한 날 월 일

5일

수학 문해력 완성하기

관련 단원 덧셈과 뺄셈(1)

창의 3 성냥개비 1개를/ 하나의 숫자 안에서 옮겨/ 올바른 식을 만들어 보세요.

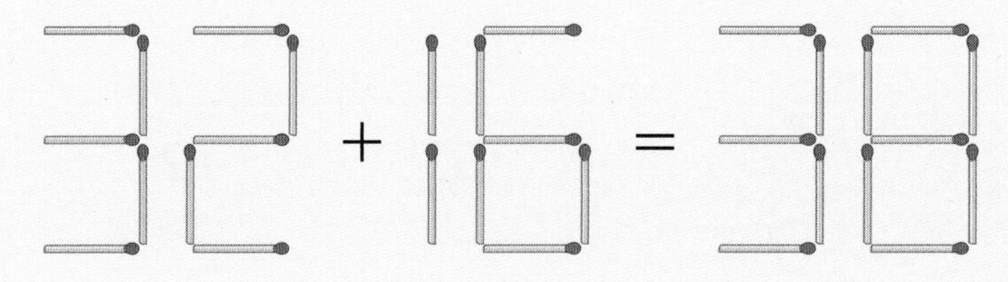

해결 전략

성냥개비 1개를 하나의 숫자 안에서 옮겨 다른 숫자를 만들 수 있는 수는 2, 3, 5, 6, 9, 0이다.

예

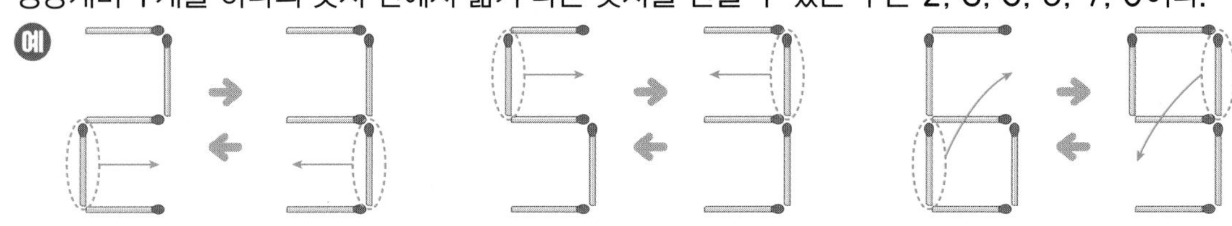

문제 풀기

❶ 왼쪽 식을 계산하여 오른쪽 계산 결과와 비교하기

32＋16＝[　　]이고, 이것은 계산 결과인 38과 [　　]만큼 차이가 나므로

10개씩 묶음의 수를 바꾸어야 한다.

❷ 성냥개비 1개를 옮겨 다른 숫자를 만들 수 있는 수 구하기

32＋16에서 10개씩 묶음의 수인 3과 1 중 성냥개비 1개를 옮겨 다른 숫자를 만들 수 있는

수는 [　　]이다.

❸ 성냥개비 1개를 옮겨 올바른 식 만들기

답 ____________________

관련 단원 덧셈과 뺄셈(1)

융합 4 연속하는 수는 1, 2, 3, 4, 5, ...와 같이 연속된 수를 말합니다./ 27을 연속하는 두 수의 합으로 나타내 보세요.

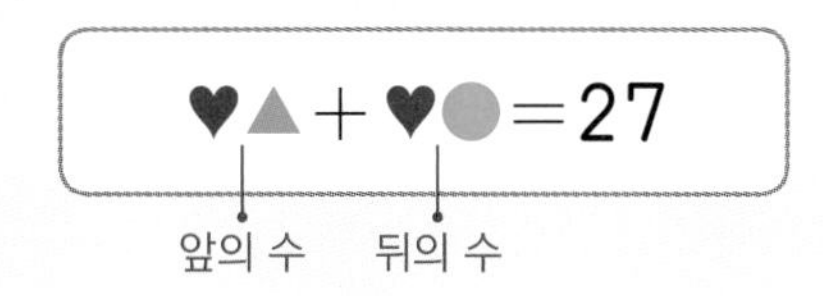

해결 전략

연속하는 두 수는 다음과 같은 방법으로 나타낼 수 있다.

앞의 수 2 → ■
뒤의 수 3 → ■+1

문제 풀기

❶ 연속하는 두 자연수 중 앞의 수를 ■라 할 때 뒤의 수를 ■를 사용한 식으로 나타내기

연속하는 두 자연수 중 앞의 수를 ■라 하면 뒤의 수는 ■+☐(으)로 나타낼 수 있다.

❷ 위 ❶에서 나타낸 두 수의 합을 식으로 표현하고, ■의 값 구하기

■+■+☐=27이다. 즉, ■+■보다 1만큼 더 큰 수가 27이므로 ■+■=☐

이고, 똑같은 두 수를 더한 값이 26이 되는 경우를 찾으면 ■=☐이다.

❸ 27을 연속하는 두 자연수의 합으로 나타내기

연속하는 두 자연수는 13, ☐이므로 27을 연속하는 두 자연수의 합으로 나타내면

답 ____________

수학 문해력 평가하기

문제를 읽고 조건을 표시하면서 풀어 봅니다.

40쪽 문해력 1

1 포도 주스가 10병씩 묶음 5개와 낱개 6병이 있습니다. 이 중 2병을 마셨다면 남은 포도 주스는 몇 병인가요?

풀이

답 ______________

42쪽 문해력 2

2 혜경이는 밭에서 고추를 32개 따고, 옥수수는 고추보다 3개 더 많이 땄습니다. 혜경이가 밭에서 딴 고추와 옥수수는 모두 몇 개인가요?

풀이

답 ______________

48쪽 문해력 5

3 편의점 냉장고에 흰 우유가 37개, 바나나 우유가 21개 있습니다. 그중 우유 5개가 ※유통 기한이 지나서 버렸습니다. 남은 우유는 몇 개인가요?

풀이

답 ______________

문해력 어휘

유통 기한: 음식이 판매될 수 있는 기간

• 정답과 해설 12쪽

44쪽 문해력 3

4 수 카드를 한 번씩만 사용하여 만들 수 있는 가장 큰 몇십몇과 가장 작은 몇십몇의 차를 구하세요.

4 8 2 5

풀이

답 ______________

52쪽 문해력 7

5 어느 치과에서 어제와 오늘 치과 진료를 받은 사람 수는 다음과 같습니다. 어제는 오늘보다 치과 진료를 받은 사람이 몇 명 더 많았는지 구하세요.

어제		오늘	
어른	아이	어른	아이
35명	61명	50명	34명

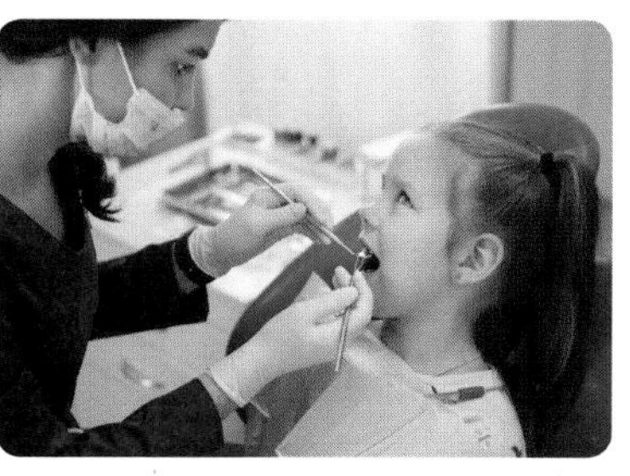

출처: © il21/shutterstock

풀이

답 ______________

공부한 날 월 일

주말 평가

수학 문해력 평가하기

42쪽 문해력 2

6 소윤이와 민재는 발표회 때 연주할 오카리나를 연습하고 있습니다. 오늘 오카리나를 소윤이는 30분 동안 연습했고, 민재는 소윤이보다 10분 더 짧게 연습했습니다. 오늘 소윤이와 민재가 오카리나를 연습한 시간은 모두 몇 분인가요?

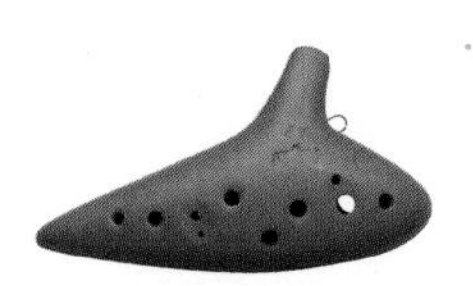

풀이

답 ______________

46쪽 문해력 4

7 선생님께서 가지고 계신 공책 몇십몇 권 중 24권을 학생들에게 나누어 주었더니 15권이 남았습니다. 선생님께서 처음에 가지고 계셨던 공책은 몇 권인가요?

풀이

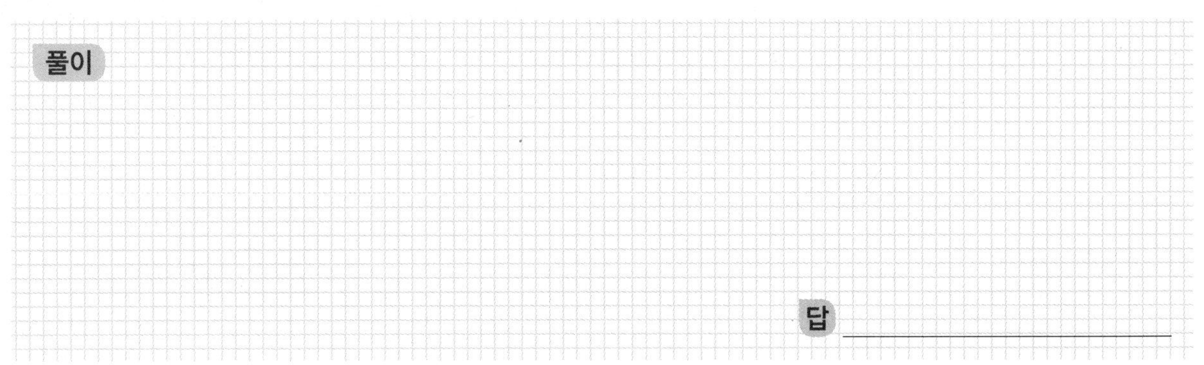

답 ______________

50쪽 문해력 6

8 어떤 수 몇십몇에 21을 더해야 할 것을 잘못하여 뺐더니 23이 되었습니다. 바르게 계산한 값을 구하세요.

풀이

답 ______________

• 정답과 해설 12쪽

54쪽 문해력 8

9 길이가 서로 다른 색 막대 3개를 겹치지 않게 붙여 놓았습니다. 빨간색 막대의 길이를 구하세요.

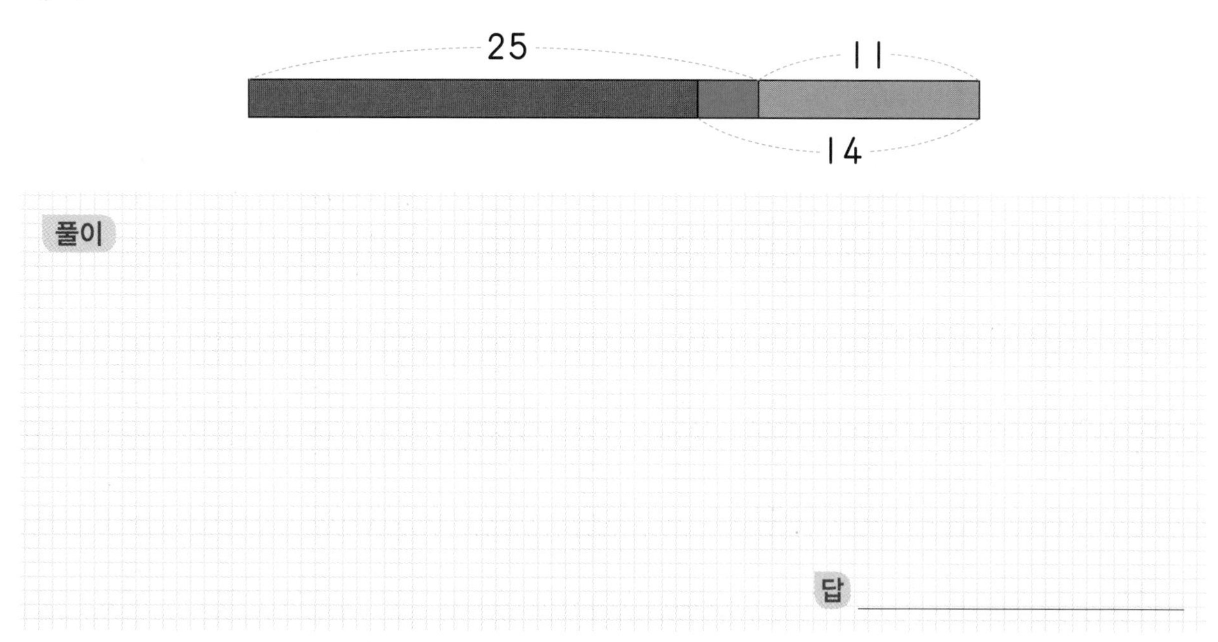

52쪽 문해력 7

10 어느 학교 전교 회장 선거에 가와 나 2명의 후보가 나왔습니다. 가에게※투표한 학생은 남학생이 22명, 여학생이 52명이었고, 나에게 투표한 학생은 남학생이 66명, 여학생이 31명이었습니다. 가와 나 중 어느 후보에게 투표한 학생이 몇 명 더 많은지 차례로 쓰세요.

출처: © BNP Design Studio/shutterstock

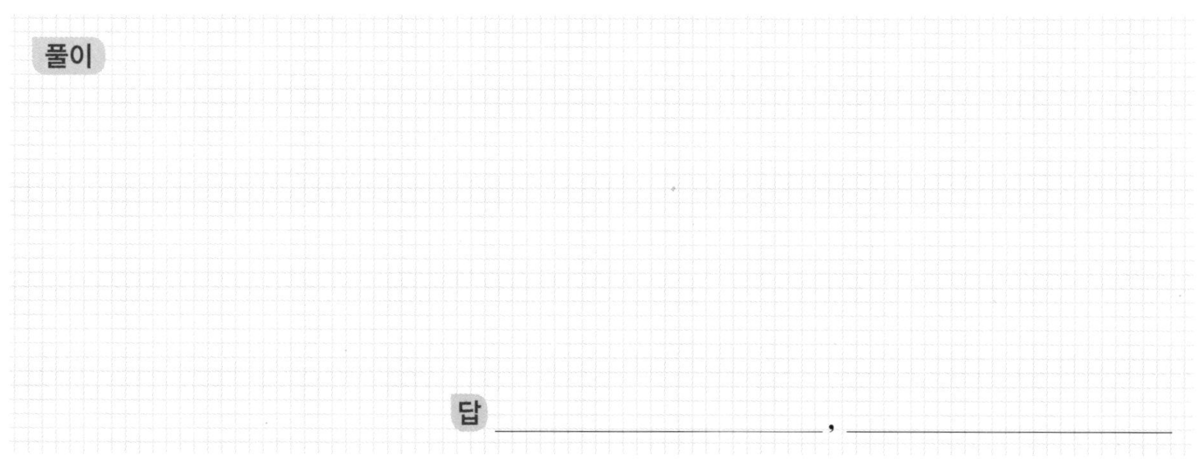

문해력 어휘

투표: 선거를 하거나 어떤 일을 결정할 때에 투표 용지에 표시하여 일정한 곳에 내는 일

덧셈과 뺄셈(2)
덧셈과 뺄셈(3)

우리는 일상생활에서 수를 더하거나 빼는 상황을 자주 경험할 수 있어요. 다양한 덧셈과 뺄셈 문제를 차근차근 읽어보고 세 수의 덧셈과 뺄셈, 10이 되는 더하기, 10에서 빼기를 이용하여 문제를 해결해 봐요.

이번 주에 나오는 어휘 & 지식백과

71쪽 쟁반 (錚 쇳소리 쟁, 盤 소반 반)

접시보다 크고 주로 그릇이나 음식을 올려놓고 옮기는 데 사용한다.

73쪽 채소 (菜 나물 채, 蔬 나물 소)

밭에서 기르는 농작물로 그 잎이나 줄기, 열매를 먹을 수 있으며, 보리나 밀 등의 곡류는 제외한다.

73쪽 과일

나무에서 열리는 사람이 먹을 수 있는 열매로 사과, 배, 귤 등이 있다.

75쪽 유기 동물 (遺 남길 유, 棄 버릴 기, 動 움직일 동, 物 물건 물)

주인이 돌보지 않고 내다 버린 동물

77쪽 기부 (寄 부칠 기, 附 붙을 부)

다른 사람을 위해 돈이나 물건 등을 바라는 것 없이 내놓는 것

81쪽 벼룩시장 (벼룩 + 市 저자 시, 場 마당 장)

잘 사용하지 않는 물품을 판매하거나 교환하는 시장

91쪽 승객 (乘 탈 승, 客 손 객)

차, 배, 비행기 등 탈것을 타는 손님

문해력 기초 다지기

문장제에 적용하기

연산 문제가 어떻게 문장제가 되는지 알아봅니다.

1 5+1+2=☐ ≫ 세 수 **5**, **1**, **2**의 **합**은 얼마인가요?

식 5+1+2=☐

답

2 3+7=☐ ≫ 종이비행기 **3개**와 종이학 **7개**가 있습니다. 종이비행기와 종이학은 **모두 몇 개**인가요?

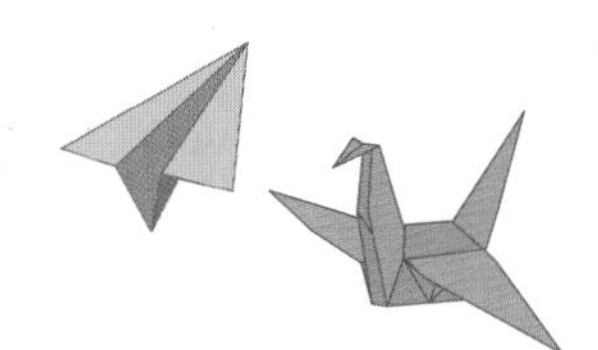

식

꼭! 단위까지 따라 쓰세요.

답 개

3 10−4=☐ ≫ 풍선 **10개** 중에서 **4개**가 터졌습니다. **남은** 풍선은 **몇 개**인가요?

식

답 개

4 6+8=☐

» **6**보다 **8**만큼 더 큰 수는 얼마인가요?

식 6+8=☐

답

5 13−7=☐

» **13**보다 **7**만큼 더 작은 수는 얼마인가요?

식

답

6 9+2=☐

» 떡꼬치 **9개**와 핫도그 **2개**가 있습니다.
떡꼬치와 핫도그는 **모두 몇 개**인가요?

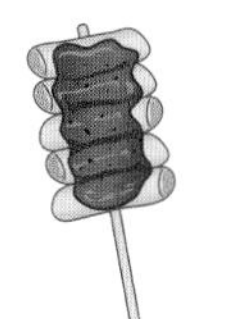

식

꼭! 단위까지 따라 쓰세요.

답 개

7 15−6=☐

» 종이컵 **15개** 중에서 **6개**를 사용했습니다.
남은 종이컵은 **몇 개**인가요?

식

답 개

공부한 날 월 일

문해력 기초 다지기

문장 읽고 문제 풀기

간단한 문장제를 풀어 봅니다.

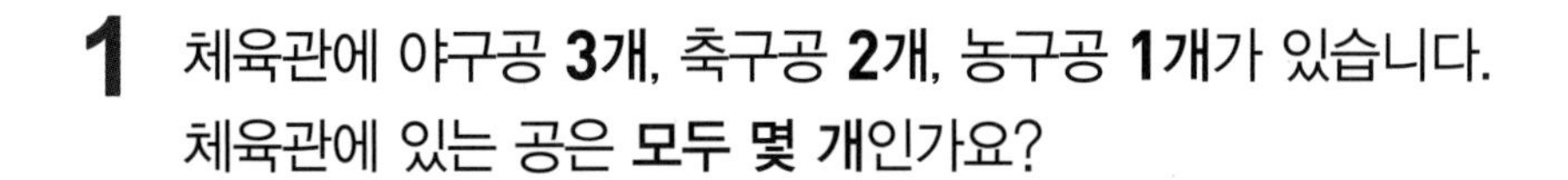

1 체육관에 야구공 **3개**, 축구공 **2개**, 농구공 **1개**가 있습니다.
체육관에 있는 공은 **모두 몇 개**인가요?

식 ________________ 답 ________________

2 할아버지가 단팥빵 **2개**와
크림빵 **8개**를 사 오셨습니다.
할아버지가 사 오신 빵은 **모두 몇 개**인가요?

식 ________________ 답 ________________

3 꽃밭에 나비 **10마리**가 있었습니다.
그중 **6마리**가 날아갔다면
꽃밭에 **남은** 나비는 **몇 마리**인가요?

식 ________________ 답 ________________

4 주차장에 자동차 **7대**가 있었습니다.
자동차 **6대**가 더 들어왔다면
주차장에 있는 자동차는 **모두 몇 대**인가요?

식 ______________________ 답 ______________

5 생선 가게에 고등어 **17마리**가 있었습니다.
그중 고등어 **9마리**를 팔았다면
남은 고등어는 **몇 마리**인가요?

식 ______________________ 답 ______________

6 세정이네 반 남학생 **9명**과 여학생 **9명**이
크리스마스 카드를 **한 장씩** 구매했습니다.
구매한 크리스마스 카드는 **모두 몇 장**인가요?

식 ______________________ 답 ______________

7 키위 **12개**를 두 바구니에 나누어 담았습니다.
한 바구니에 **8개**를 담았다면
다른 바구니에 담은 키위는 **몇 개**인가요?

식 ______________________ 답 ______________

1 일

수학 문해력 기르기

관련 단원 덧셈과 뺄셈(2)

문해력 문제 1

가영이는 장난감 9개를 가지고 있었습니다./
동생에게 2개, 친구에게 1개를 주었다면/
가영이에게 남은 장난감은 몇 개인지 구하세요.
└ 구하려는 것

해결 전략 가영이에게 남은 장난감 수를 구하려면

(처음에 가지고 있던 장난감 수)

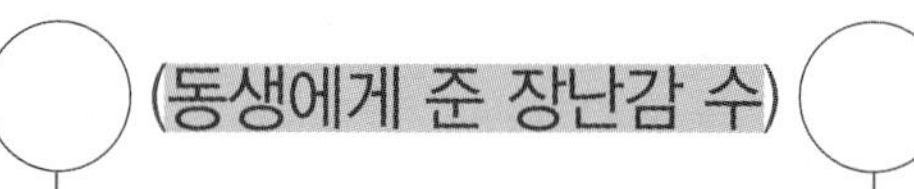

○ (동생에게 준 장난감 수) ○ (친구에게 준 장난감 수)의 식을 만들어

└ +, − 중 알맞은 것 쓰기

앞에서부터 차례로 계산한다.

문제 풀기 (남은 장난감 수)

=9−□−□=□−1=□(개)

문해력 핵심
세 수의 뺄셈은 앞의 두 수를 먼저 계산한 다음 그 결과에서 나머지 수를 빼.

답 ______

문해력 레벨업 문장을 읽고 덧셈식 또는 뺄셈식을 세우자.

처음보다 '늘어난 수'를 구할 때 '모두'의 수를 구할 때	→ 덧셈 +

예 배가 1개, 감이 2개, 귤이 3개일 때 과일은 모두 몇 개인지 구하기
(과일 수)=$1+2+3=6$(개)

처음보다 '줄어든 수'를 구할 때 '남은' 수를 구할 때	→ 뺄셈 −

예 사탕 5개 중 지효가 1개, 동생이 1개 먹었을 때 남은 사탕의 수 구하기
(남은 사탕의 수)=$5-1-1=3$(개)

• 정답과 해설 13쪽
복습책 21쪽에 유사, 심화문제 제공

쌍둥이 문제

1-1 식탁 위※쟁반에 옥수수 8개가 있었습니다./ 은우가 4개, 서아가 3개를 먹었다면/ 쟁반에 남은 옥수수는 몇 개인지 구하세요.

따라 풀기

문해력 어휘
쟁반: 접시보다 크고 주로 그릇이나 음식을 올려놓고 옮기는 데 사용한다.

답 ______________

문해력 레벨 1

1-2 목장에 염소 2마리, 양 2마리가 있었습니다./ 목장 주인이 토끼 4마리를 더 데려왔다면/ 목장에 있는 동물은 모두 몇 마리인지 구하세요.

스스로 풀기

답 ______________

문해력 레벨 2

1-3 어머니가 김치만두 6개와 고기만두 7개를 만들었습니다./ 형이 김치만두 1개와 고기만두 5개를 먹었고/ 동생이 김치만두 3개와 고기만두 1개를 먹었습니다./ 남은 김치만두와 고기만두는 각각 몇 개인지 구하세요.

스스로 풀기 ❶ 남은 김치만두 수 구하기

❷ 남은 고기만두 수 구하기

답 김치만두: ______________, 고기만두: ______________

공부한 날 월 일

1일

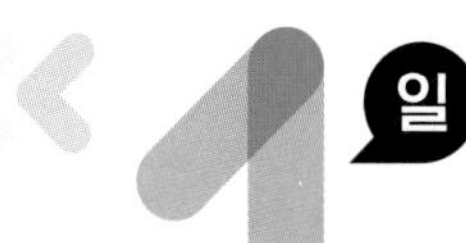

수학 문해력 기르기

관련 단원 덧셈과 뺄셈(2)

문해력 문제 2

꽃병에 장미 5송이와 백합 5송이가 꽂혀 있습니다./
국화를 6송이 더 꽂았다면/
꽃병에 꽂혀 있는 꽃은 모두 몇 송이인가요?
└ 구하려는 것

해결 전략

꽃병에 꽂혀 있는 꽃이 모두 몇 송이인지 구하려면

(처음에 꽂혀 있던 장미 수) ◯ (처음에 꽂혀 있던 백합 수) ◯ (더 꽂은 국화 수)
└ +, − 중 알맞은 것 쓰기

의 식을 만들어 10이 되는 두 수를 먼저 더하고 나머지 한 수를 더한다.

문제 풀기

(꽃병에 꽂혀 있는 꽃의 수)=☐+☐+6=☐(송이)

답 ______________

문해력 레벨업

10이 되는 두 수를 이용하여 세 수의 덧셈을 하자.

예 꽈배기 2개, 바게트 1개, 식빵 9개의 합 구하기

$2+1+9=12$ (1+9=10, 2+10=12)

복습책 22쪽에 유사, 심화문제 제공

쌍둥이 문제

2-1 풀밭 위에 잠자리 6마리와 나비 4마리가 앉아 있습니다./ ※무당벌레 3마리가 더 날아와 앉았다면/ 풀밭 위에 앉아 있는 곤충은 모두 몇 마리인가요?

따라 풀기

문해력 백과

무당벌레: 몸은 달걀 모양이고 겉날개는 붉은 바탕에 검은 점무늬가 있다.

답 ______________

문해력 레벨 1

2-2 놀이터에 어린이 8명이 놀고 있습니다./ 남자 어린이 3명과 여자 어린이 7명이 더 놀러왔다면/ 놀이터에서 놀고 있는 어린이는 모두 몇 명인가요?

스스로 풀기

답 ______________

문해력 레벨 2

2-3 바구니에 감자 7개, 고구마 3개, 단호박 9개가 있고/ 감 5개, 귤 8개, 사과 2개가 있습니다./ 바구니에 있는 ※채소와 ※과일 중 더 많이 있는 것은 무엇인가요?

(감자 7개, 고구마 3개, 단호박 9개 → 채소 / 감 5개, 귤 8개, 사과 2개 → 과일)

스스로 풀기 ❶ 바구니에 있는 채소의 수 구하기

문해력 백과

채소: 밭에서 기르는 농작물로 그 잎이나 줄기, 열매를 먹을 수 있으며, 보리나 밀 등의 곡류는 제외한다.
과일: 나무에서 열리는 사람이 먹을 수 있는 열매로 사과, 배, 귤 등이 있다.

❷ 바구니에 있는 과일의 수 구하기

❸ 채소와 과일의 수 비교하기

답 ______________

2일

수학 문해력 기르기

관련 단원 덧셈과 뺄셈(2)

문해력 문제 3

울타리 안에 병아리 10마리와/
닭 4마리가 있었습니다./
그중 병아리 7마리가 밖으로 나갔습니다./
병아리와 닭 중 울타리 안에 더 많이 남아 있는 동물은 무엇인가요?
└ 구하려는 것

해결 전략

울타리 안에 남아 있는 병아리의 수를 구하려면

❶ (처음에 있던 병아리의 수) ◯ (밖으로 나간 병아리의 수)를 구한 후
└ +, − 중 알맞은 것 쓰기

울타리 안에 더 많이 남아 있는 동물을 구하려면

❷ 위 ❶에서 구한 병아리의 수와 닭의 수 중 더 (큰 , 작은) 수를 찾는다.
└ 알맞은 말에 ○표 하기

문제 풀기

❶ (남아 있는 병아리의 수)＝10－☐＝☐(마리)

❷ ☐마리＜4마리이므로

울타리 안에 더 많이 남아 있는 동물은 ☐이다.

답 ____________

문해력 레벨업 처음 수에서 줄어든 수를 빼서 남아 있는 수를 구한 후 비교하자.

예 검은색 금붕어 2마리를 꺼냈을 때 주황색 금붕어와 검은색 금붕어 중 더 많이 남아 있는 금붕어 구하기

 → 

검은색 금붕어 수 3마리	−	꺼낸 검은색 금붕어 수 2마리	=	남아 있는 검은색 금붕어 수 1마리

↓

1마리＜2마리이므로 어항 안에 더 많이 남아 있는 금붕어는 주황색 금붕어이다.

쌍둥이 문제

3-1 어느※유기 동물 보호소에 강아지 10마리와/ 고양이 5마리가 있었습니다./ 그중 강아지 2마리가 새로운 주인을 만나 떠났습니다./ 강아지와 고양이 중 유기 동물 보호소에 더 많이 남아 있는 동물은 무엇인가요?

따라 풀기 ❶

문해력 백과
유기 동물: 주인이 돌보지 않고 내다 버린 동물

❷

답 ______________

문해력 레벨 1

3-2 접시에 붕어빵 10개와/ 호빵 8개가 있었습니다./ 그중 붕어빵 3개를 먹었습니다./ 붕어빵과 호빵 중 접시에 더 적게 남아 있는 빵은 무엇인가요?

스스로 풀기 ❶

❷

답 ______________

문해력 레벨 2

3-3 경수는 사탕 10개와 젤리 10개를 가지고 있었습니다./ 그중 동생에게 사탕 6개와 젤리 4개를 주었을 때/ 사탕과 젤리 중 경수에게 더 많이 남아 있는 것은 무엇인가요?

스스로 풀기 ❶ 경수에게 남아 있는 사탕의 수 구하기

❷ 경수에게 남아 있는 젤리의 수 구하기

❸ 경수에게 남아 있는 사탕과 젤리의 수 비교하기

답 ______________

수학 문해력 기르기

문해력 문제 4

연못 안에 오리 10마리가 있었습니다./
오리 몇 마리가 연못 밖으로 나갔더니/
연못 안에 남은 오리가 4마리였습니다./
연못 밖으로 나간 오리는 몇 마리인가요?
└ 구하려는 것

해결 전략

연못 밖으로 나간 오리의 수를 구하려면

❶ 연못 밖으로 나간 오리의 수를 ■마리라 하여

(처음 연못 안에 있던 오리의 수) ◯ ■ = (연못 안에 남은 오리의 수)
└ +, − 중 알맞은 것 쓰기

의 식을 만든다.

❷ 위 ❶에서 만든 식을 이용하여 ■를 구한다.

문제 풀기

❶ 연못 밖으로 나간 오리의 수를 ■마리라 하면

☐ − ■ = 4이다.

❷ 10에서 빼서 4가 되는 수는 ☐ 이므로 ■ = ☐ 이다.

➔ 연못 밖으로 나간 오리는 ☐ 마리이다.

답 ________________

문해력 레벨업 처음 수와 남은 수를 이용하여 모르는 수를 구하자.

예 10에서 어떤 수를 뺐더니 7이 되었을 때 어떤 수 구하기
└ 모르는 수

처음 수

×××○○○○○○○

어떤 수 남은 수

10−3=7 ➔ 어떤 수: 3

• 정답과 해설 14쪽
복습책 24쪽에 유사, 심화문제 제공

쌍둥이 문제

4-1 재희는 빵 10개를 가지고 있었습니다./ 친구에게 빵 몇 개를 주었더니/ 남은 빵이 3개였습니다./ 재희가 친구에게 준 빵은 몇 개인가요?

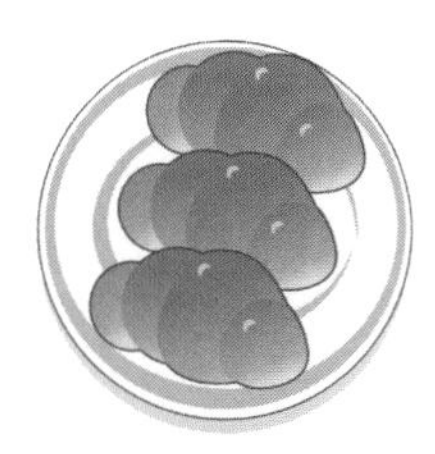

따라 풀기 ❶

❷

답 ______________

문해력 레벨 1

4-2 소정이는 동화책 5권과 위인전 5권을 가지고 있었습니다./ 도서관에 책 몇 권을 ※기부했더니/ 남은 책이 1권이었습니다./ 소정이가 도서관에 기부한 책은 몇 권인가요?

스스로 풀기 ❶ 소정이가 가지고 있던 책의 수 구하기

> **문해력 어휘**
> 기부: 다른 사람을 위해 돈이나 물건 등을 바라는 것 없이 내놓는 것

❷

❸

답 ______________

문해력 레벨 2

4-3 엽서를 유정이는 10장 가지고 있고,/ 수혁이는 5장 가지고 있었습니다./ 유정이가 수혁이에게 엽서 몇 장을 주었더니/ 남은 엽서가 8장이었습니다./ 수혁이가 지금 가지고 있는 엽서는 몇 장인가요?

스스로 풀기 ❶ 유정이가 수혁이에게 준 엽서의 수를 구하는 식 만들기

❷ 유정이가 수혁이에게 준 엽서의 수 구하기

❸ (처음 수혁이가 가지고 있던 엽서의 수)+(유정이가 준 엽서의 수)

답 ______________

3일

수학 문해력 기르기

관련 단원 덧셈과 뺄셈(3)

문해력 문제 5

딸기 우유 7팩과
초코 우유 8팩이 있습니다./
상자에 우유 10팩을 담으면/
남는 우유는 몇 팩인가요?
└ 구하려는 것

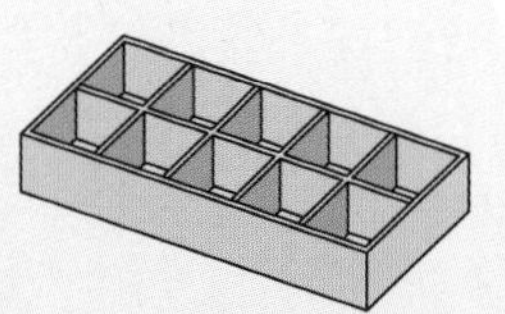

해결 전략

전체 우유의 수를 구하려면

❶ 딸기 우유와 초코 우유의 수를 모으기 하고

상자에 담고 남는 우유의 수를 구하려면

❷ 위 ❶에서 구한 전체 우유의 수를 10과 몇으로 가르기 하여 구한다.

문제 풀기

❶ 딸기 우유와 초코 우유의 수 모으기

➔ 전체 우유: ☐ 팩

❷

➔ 상자에 담고 남는 우유: ☐ 팩

답 ____________

문해력 레벨업 10을 이용하여 모으기와 가르기를 하자.

예 9와 5를 모으고 10과 몇으로 가르기

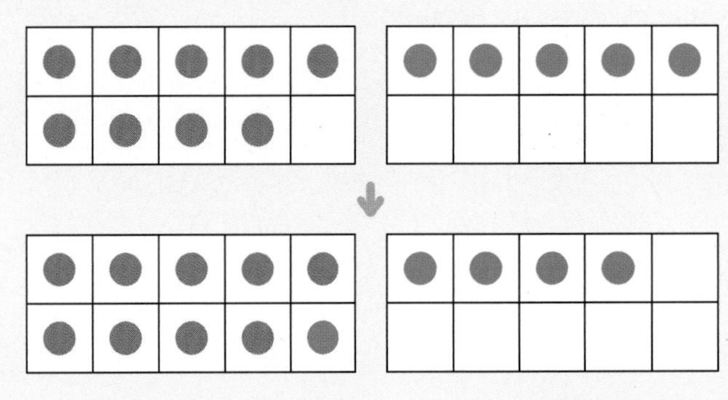

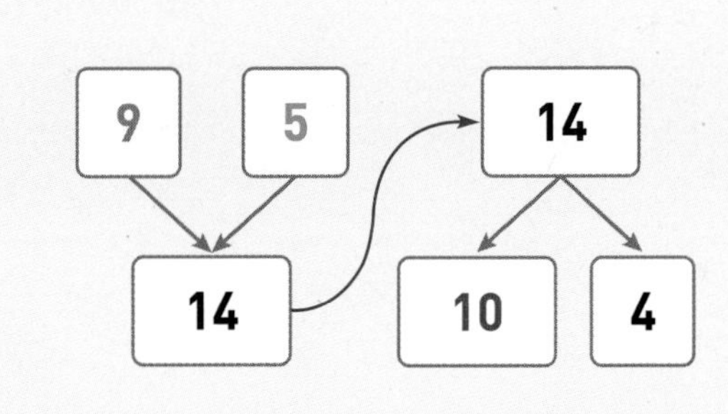

• 정답과 해설 15쪽
복습책 25쪽에 유사, 심화문제 제공

쌍둥이 문제

5-1 소희가 가지고 있는 외투는 코트 9벌과 패딩 2벌입니다./ 옷장에 외투 10벌을 걸으면/ 남는 외투는 몇 벌인가요?

따라 풀기 ❶

❷

답 ______________

문해력 레벨 1

5-2 포도가 6송이씩 들어 있는 상자 2개가 있습니다./ 상자에서 포도 10송이를 꺼내면/ 상자에 남아 있는 포도는 몇 송이인가요?

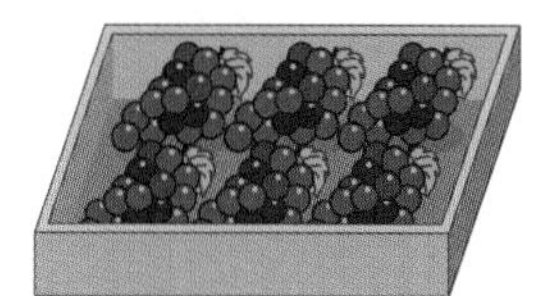
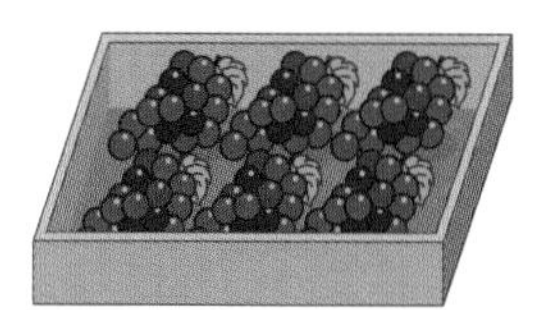

스스로 풀기 ❶

포도가 한 상자에 6송이씩 들어 있으니까 전체 포도의 수는 6과 6을 모으면 구할 수 있어.

❷

답 ______________

문해력 레벨 2

5-3 편의점에 긴 우산과 짧은 우산이 있습니다./ 우산 꽂이에 우산 8개를 꽂았더니 5개가 남았습니다./ 긴 우산이 10개라면 짧은 우산은 몇 개인가요?

스스로 풀기 ❶ 전체 우산의 수 구하기

❷ 위 ❶에서 구한 전체 우산의 수를 10과 몇으로 가르기

답 ______________

공부한 날 월 일

3일

일 수학 문해력 기르기

관련 단원 덧셈과 뺄셈(3)

문해력 문제 6

사라가 눈사람, 사슴, 산타 인형을 매달아 크리스마스 트리를 꾸몄습니다./ 눈사람 인형은 7개,/ 사슴 인형은 9개를 사용했고/ 산타 인형은 사슴 인형보다 6개 더 많이 사용했습니다./ 사라가 사용한 산타 인형은 눈사람 인형보다 몇 개 더 많은가요?

└ 구하려는 것

해결 전략

먼저 산타 인형의 수를 구해야 하므로

❶ (사슴 인형의 수) ◯ 6을 구한 후

└ +, − 중 알맞은 것 쓰기

산타 인형이 눈사람 인형보다 몇 개 더 많은지 구하려면

❷ (산타 인형의 수) ◯ (눈사람 인형의 수)를 구한다.

└ ❶에서 구한 수

문제 풀기

❶ (산타 인형의 수)=□+6=□(개)

❷ 산타 인형은 눈사람 인형보다

□−7=□(개) 더 많다.

문해력 핵심

수를 가르기 하여 10을 먼저 만들면 덧셈과 뺄셈을 쉽게 할 수 있어.

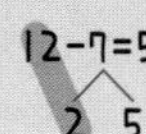

답 ____________

문해력 레벨업 '~가 ~보다 몇 개 더 많거나 적은지'를 비교할 때는 뺄셈식을 이용하자.

예

곰 인형은 상자보다 **5−3=2**(개) 더 많다.

상자는 곰 인형보다 **5−3=2**(개) 더 적다.

쌍둥이 문제

6-1 도현이가 카메라로 가족, 음식, 풍경 사진을 찍었습니다./ 가족 사진은 5장,/ 음식 사진은 7장을 찍었고/ 풍경 사진은 음식 사진보다 4장 더 많이 찍었습니다./ 도현이가 찍은 풍경 사진은 가족사진보다 몇 장 더 많은가요?

따라 풀기 ❶

❷

답 ____________

문해력 레벨 1

6-2 재석이가※벼룩시장에서 냄비, 접시, 컵을 팔았습니다./ 냄비는 12개,/ 접시는 16개를 팔았고/ 컵은 접시보다 8개 더 적게 팔았습니다./ 재석이가 판 컵은 냄비보다 몇 개 더 적은가요?

스스로 풀기 ❶

문해력 백과
벼룩시장: 잘 사용하지 않는 물품을 판매하거나 교환하는 시장

❷

답 ____________

문해력 레벨 2

6-3 민우, 수연, 준호가 밤나무 아래에서 밤을 주웠습니다./ 민우는 8개를 주웠고/ 수연이는 민우보다 5개 더 많이 주웠습니다./ 준호는 수연이보다 7개 더 적게 주웠을 때/ 준호가 주운 밤은 민우가 주운 밤보다 몇 개 더 적은가요?

스스로 풀기 ❶ 수연이가 주운 밤의 수 구하기

❷ 위 ❶에서 구한 수를 이용하여 준호가 주운 밤의 수 구하기

❸ 준호가 주운 밤은 민우가 주운 밤보다 몇 개 더 적은지 구하기

답 ____________

4일

수학 문해력 기르기

관련 단원 덧셈과 뺄셈(3)

문해력 문제 7

1부터 9까지의 수 중에서/ ■ 안에 들어갈 수 있는 가장 큰 수를 구하세요.
└ 구하려는 것

5+3+■<14

해결 전략

먼저 ■ 안에 들어갈 수 있는 수를 구해야 하니까

❶ 계산할 수 있는 5+3을 먼저 계산하여 식을 간단히 만든 후

❷ 1부터 9까지의 수 중에서 ■ 안에 들어갈 수 있는 수를 모두 구한다.

■ 안에 들어갈 수 있는 가장 큰 수를 구하려면

❸ 위 ❷에서 구한 수 중 가장 큰 수를 구한다.

문제 풀기

❶ 5+3+■<14 ➔ □+■<14이고

❷ 8+□=14이므로

■ 안에는 6보다 작은 수인 1, 2, 3, □, □가 들어갈 수 있다.

❸ ■ 안에 들어갈 수 있는 가장 큰 수: □

문해력 핵심

14를 8과 몇으로 가르기 하면
14 → 8, 6 이므로 8+6=14이다.

답 ____________

문해력 레벨업 문제에 주어진 >, <의 방향에 따라 □ 안에 들어갈 수 있는 수가 달라진다.

예 1부터 9까지의 수 중에서 □ 안에 들어갈 수 있는 수 구하기

① 4+□>11

4+7=11이므로 □ 안에 들어갈 수 있는 수는 7보다 큰 수이다.
➔ 8, 9

② 4+□<11

4+7=11이므로 □ 안에 들어갈 수 있는 수는 7보다 작은 수이다.
➔ 1, 2, 3, 4, 5, 6

• 정답과 해설 16쪽
복습책 27쪽에 유사, 심화문제 제공

쌍둥이 문제

7-1 1부터 9까지의 수 중에서/ □ 안에 들어갈 수 있는 가장 큰 수를 구하세요.

$2+7+\square<12$

따라 풀기 ❶

❷

❸

답 ____________

문해력 레벨 1

7-2 1부터 9까지의 수 중에서/ □ 안에 들어갈 수 있는 가장 작은 수를 구하세요.

$3+1+\square>10$

스스로 풀기 ❶

❷

❸

답 ____________

문해력 레벨 2

7-3 1부터 9까지의 수 중에서/ □ 안에 공통으로 들어갈 수 있는 수를 구하세요.

㉠ $11-\square<7$
㉡ $15-6-\square>3$

스스로 풀기 ❶ ㉠의 □ 안에 들어갈 수 있는 수 모두 구하기

❷ ㉡의 □ 안에 들어갈 수 있는 수 모두 구하기

❸ 위 ❶, ❷에서 구한 수 중 공통으로 들어갈 수 있는 수 구하기

답 ____________

공부한 날 월 일

4일

수학 문해력 기르기

관련 단원 덧셈과 뺄셈(3)

문해력 문제 8

다현이는 가지고 있는 연필 중 반을 언니에게 주고/
남은 연필 중 반을 동생에게 주었더니/ 4자루가 남았습니다./
다현이가 처음 가지고 있던 연필은 몇 자루인가요?
└ 구하려는 것

해결 전략

주어진 조건을 그림으로 나타내면

처음 가지고 있던 연필

언니에게 준 연필 | 동생에게 준 연필 | 남은 연필: □ 자루

❶ (동생에게 준 연필 수)=(남은 연필 수)와
(언니에게 준 연필 수)=(동생에게 준 연필 수)+(남은 연필 수)를 구한 후

처음 가지고 있던 연필 수를 구하려면

❷ (언니에게 준 연필 수)+(동생에게 준 연필 수)+(남은 연필 수)를 구한다.

문제 풀기

❶ (동생에게 준 연필 수)=□자루
(언니에게 준 연필 수)=□+4=□(자루)

❷ (처음 가지고 있던 연필 수)=□+4+4=□(자루)

답 ________________

문해력 레벨업

반과 반의 반을 그림으로 나타내어 거꾸로 찾아가며 처음 수를 구하자.

예 반의 반이 2일 때 처음 수 구하기

처음 수의 반의 반	2		
처음 수의 반	2	2	→ ① 2+2=4
처음 수	4	4	→ ② 4+4=8

• 정답과 해설 16쪽
복습책 28쪽에 유사, 심화문제 제공

쌍둥이 문제

8-1 다람쥐는 가지고 있는 도토리의 반을 먹고/ 남은 도토리의 반을 잃어버렸더니/ 3개가 남았습니다./ 다람쥐가 처음 가지고 있던 도토리는 몇 개인가요?

그림 그리기

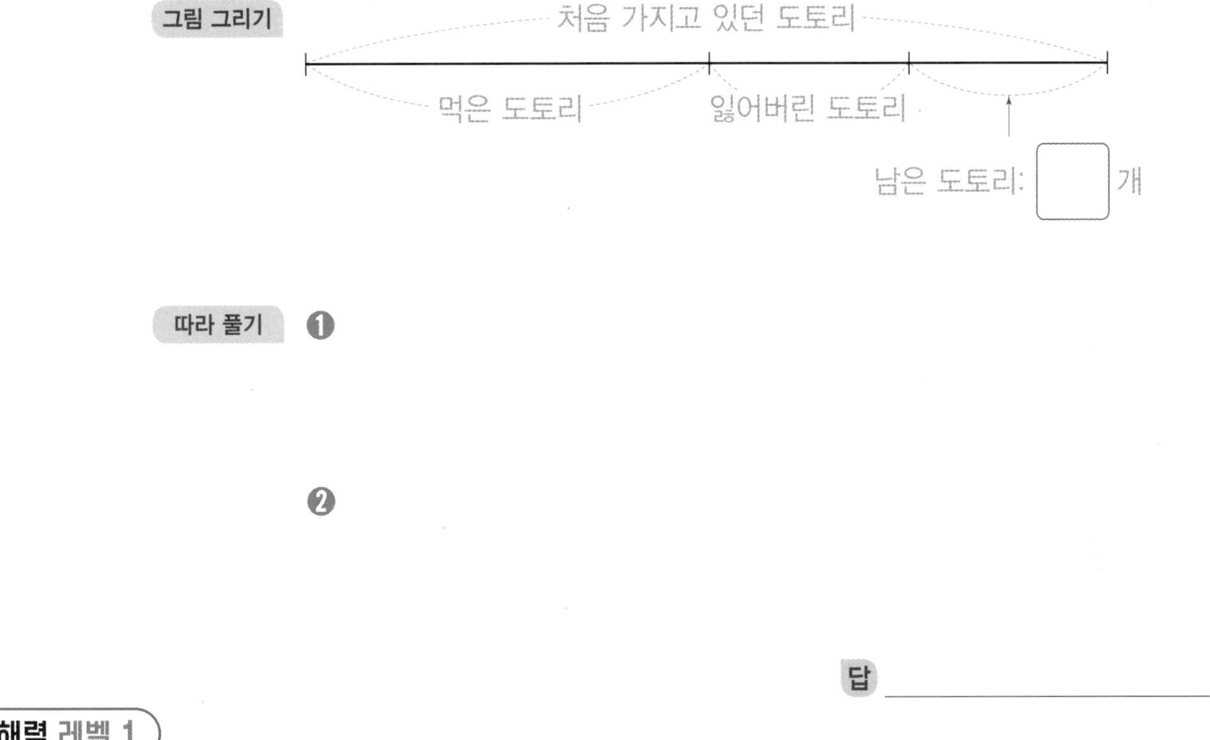

따라 풀기 ❶

❷

답 ____________

문해력 레벨 1

8-2 보현이는 가지고 있는 구슬의 반을 형에게 주고/ 남은 구슬을 친구 2명에게 2개씩 나누어 주었더니/ 1개가 남았습니다./ 보현이가 처음 가지고 있던 구슬은 몇 개인가요?

그림 그리기

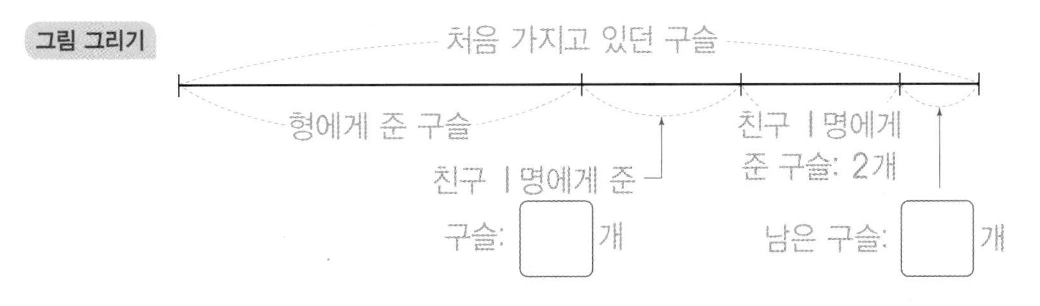

스스로 풀기 ❶ (형에게 준 구슬 수)=(친구 2명에게 준 구슬 수)+(남은 구슬 수)

❷ (형에게 준 구슬 수)+(친구 2명에게 준 구슬 수)+(남은 구슬 수)

답 ____________

수학 문해력 완성하기

관련 단원 덧셈과 뺄셈(2)

기출 1 |보기|에서 규칙을 찾아/ □ 안에 알맞은 수를 구하세요.

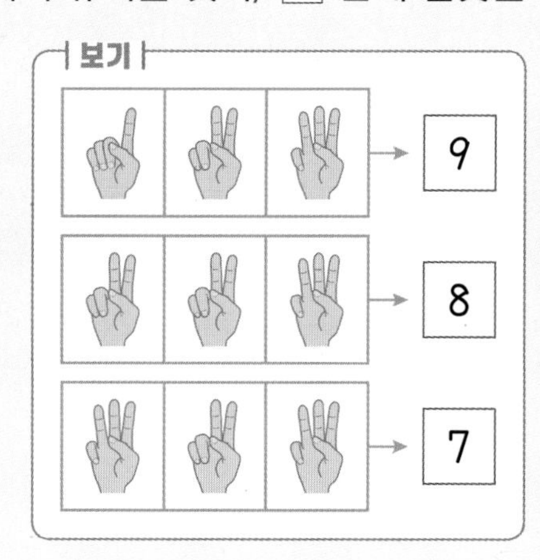

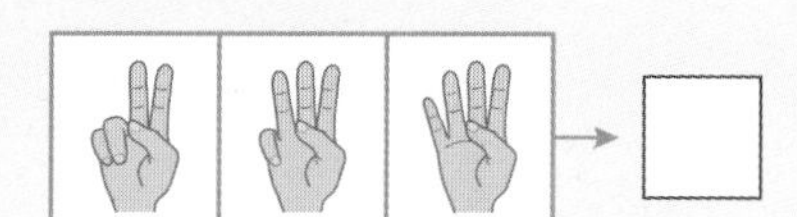

해결 전략

	(주먹)	(손가락 1개)	(손가락 2개)	(손가락 3개)	(손가락 4개)	(손가락 5개)
펼친 손가락의 수(개)	0	1	2	3	4	5
접힌 손가락의 수(개)	5	4	3	2	1	0

※20년 하반기 22번 기출 유형

문제 풀기

❶ |보기|에서 규칙 찾기

$4+3+2=9$, $3+3+2=8$, $2+3+2=7$이므로

|보기|의 규칙은 (펼친 , 접힌) 손가락의 수를 세어 (더한 , 뺀) 값을 쓴 것이다.

알맞은 말에 ○표 하기

❷ 위 ❶에서 찾은 규칙에 따라 □ 안에 알맞은 수 구하기

왼쪽에서부터 접힌 손가락의 수는 3, □, 1이므로

□ 안에 알맞은 수는 3+□+1=□이다.

답 ____________

관련 단원 덧셈과 뺄셈(3)

기출 2 |보기|와 같이 막대의 양쪽 줄에 매달린 수의 크기가 같아야/ 한쪽으로 기울지 않습니다./ 주어진 막대가 모두 한쪽으로 기울지 않았을 때/ ㉠+㉡을 구하세요./
(단, 막대와 줄의 무게는 생각하지 않습니다.)

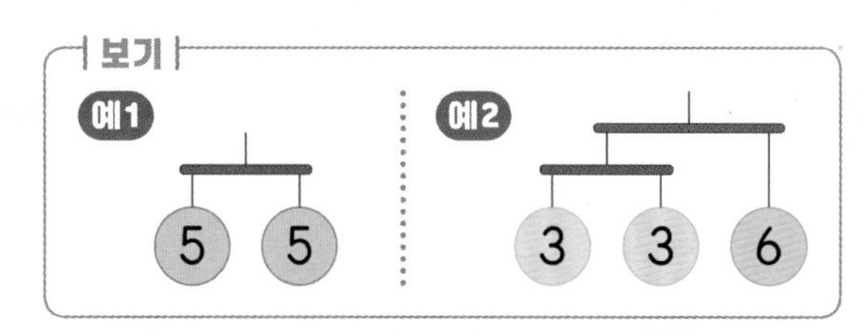

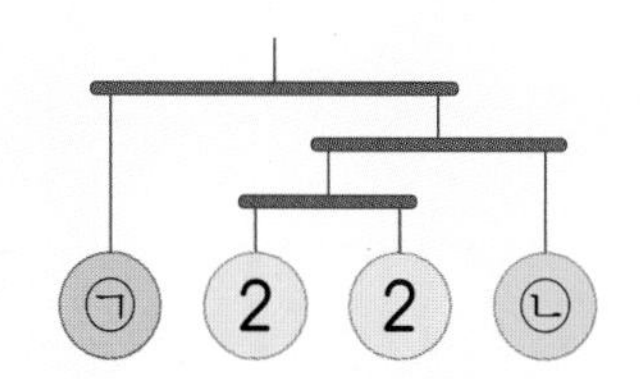

해결 전략

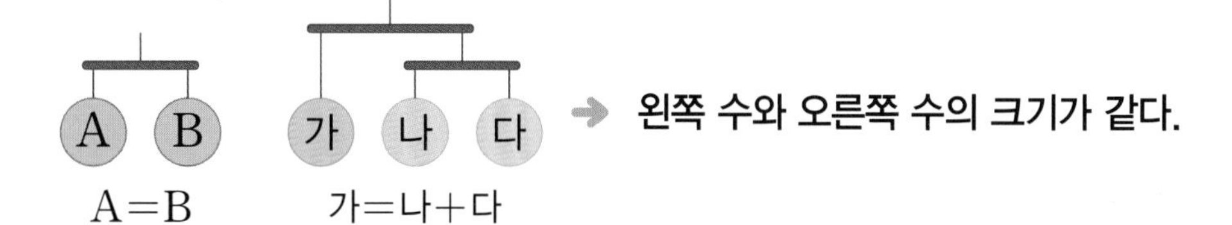

※18년 하반기 22번 기출 유형

문제 풀기

❶ ㉡에 알맞은 수 구하기

㉡은 2와 2의 (합 , 차)과/와 같으므로 ㉡=2+2=☐이다.

└• 알맞은 말에 ○표 하기

❷ ㉠에 알맞은 수 구하기

㉠은 2, 2, ㉡의 합과 같으므로 ㉠=2+2+☐=☐이다.

❸ 위 ❶, ❷에서 구한 값을 이용하여 ㉠+㉡ 구하기

답 ____________

수학 문해력 완성하기

관련 단원 덧셈과 뺄셈(2)

창의 3 |보기|와 같이 어떤 수와 더해서 10이 되는 수를 10에 대한 어떤 수의 보수라고 합니다./

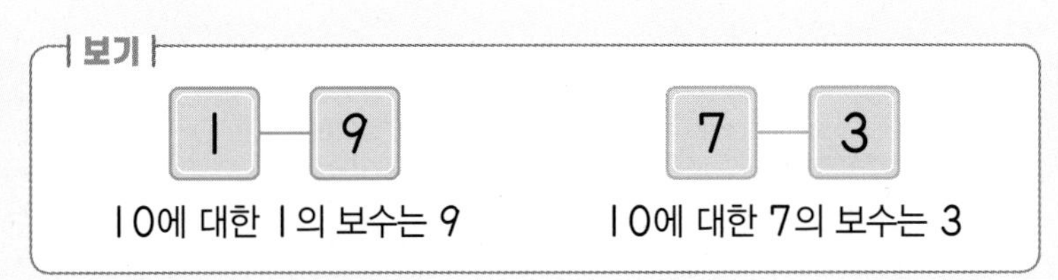

〈가〉를 10에 대한 가의 보수라고 약속할 때/ 10−〈4〉−〈8〉를 계산해 보세요.

해결 전략

- **10이 되는 더하기로 10에 대한 보수를 구하자.**

1+9=10	1의 보수 → 9	6+4=10	6의 보수 → 4
2+8=10	2의 보수 → 8	7+3=10	7의 보수 → 3
3+7=10	3의 보수 → 7	8+2=10	8의 보수 → 2
4+6=10	4의 보수 → 6	9+1=10	9의 보수 → 1
5+5=10	5의 보수 → 5		

문제 풀기

❶ 〈4〉와 〈8〉를 각각 구하기

4와 더해서 10이 되는 수는 ☐ 이므로 〈4〉= ☐ 이다.

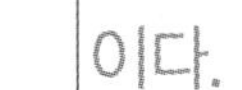

8과 더해서 10이 되는 수는 ☐ 이므로 〈8〉= ☐ 이다.

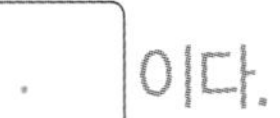

❷ 10−〈4〉−〈8〉 계산하기

답 ____________

관련 단원 덧셈과 뺄셈(3)

곤충이 태어나서 어른벌레가 될 때까지/ 모습이나 습성이 바뀌는 것을 '탈바꿈'이라고 합니다./ 곤충 중에서 사슴벌레와 장수풍뎅이는※완전 탈바꿈 곤충,/ 메뚜기와 방아깨비는※불완전 탈바꿈 곤충입니다./

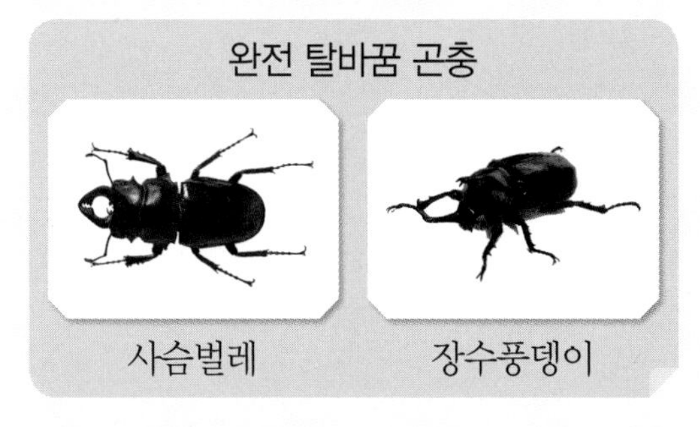

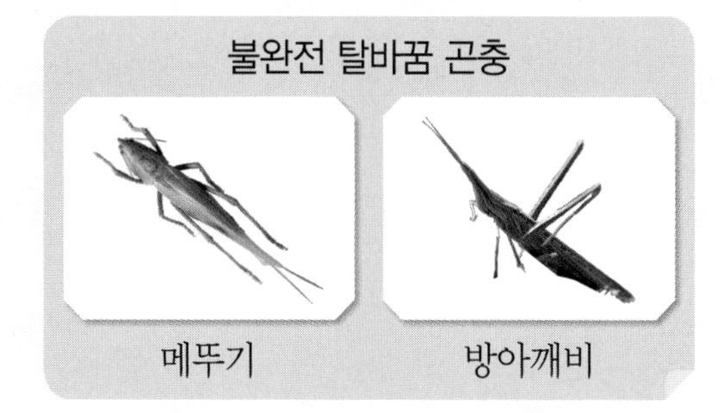

여름 체험 활동에서 지수가 사슴벌레 4마리, 장수풍뎅이 2마리, 메뚜기 6마리, 방아깨비 5마리를 잡았습니다./ 지수가 잡은 불완전 탈바꿈 곤충 수는/ 완전 탈바꿈 곤충 수보다 몇 마리 더 많은지 구하세요.

해결 전략

- 주어진 조건: 완전 탈바꿈 곤충은 사슴벌레 4마리, 장수풍뎅이 2마리이고,
  불완전 탈바꿈 곤충은 메뚜기 6마리, 방아깨비 5마리이다.
- 구하려는 것: (불완전 탈바꿈 곤충 수)−(완전 탈바꿈 곤충 수)

문제 풀기

❶ 완전 탈바꿈 곤충 수 구하기

완전 탈바꿈 곤충은 사슴벌레, 장수풍뎅이이므로 □+□=□(마리)이다.

❷ 불완전 탈바꿈 곤충 수 구하기

불완전 탈바꿈 곤충은 메뚜기, 방아깨비이므로 □+□=□(마리)이다.

❸ 불완전 탈바꿈 곤충 수는 완전 탈바꿈 곤충 수보다 몇 마리 더 많은지 구하기

문해력 백과

완전 탈바꿈 곤충: 알 → 애벌레 → 번데기 → 어른벌레 순으로 자라는 곤충
불완전 탈바꿈 곤충: 알 → 애벌레 → 어른벌레 순으로 자라는 곤충

답 ____________

수학 문해력 평가하기

문제를 읽고 조건을 표시하면서 풀어 봅니다.

70쪽 문해력 1

1 서연이가 연극 입장권 7장을 가지고 있었습니다. 친구에게 2장을 주고, 1장을 잃어버렸다면 서연이에게 남은 입장권은 몇 장인가요?

풀이

답 ____________

72쪽 문해력 2

2 저금통에 500원짜리 동전 9개와 100원짜리 동전 1개가 들어 있습니다. 10원짜리 동전 5개를 더 넣었다면 저금통에 들어 있는 동전은 모두 몇 개인가요?

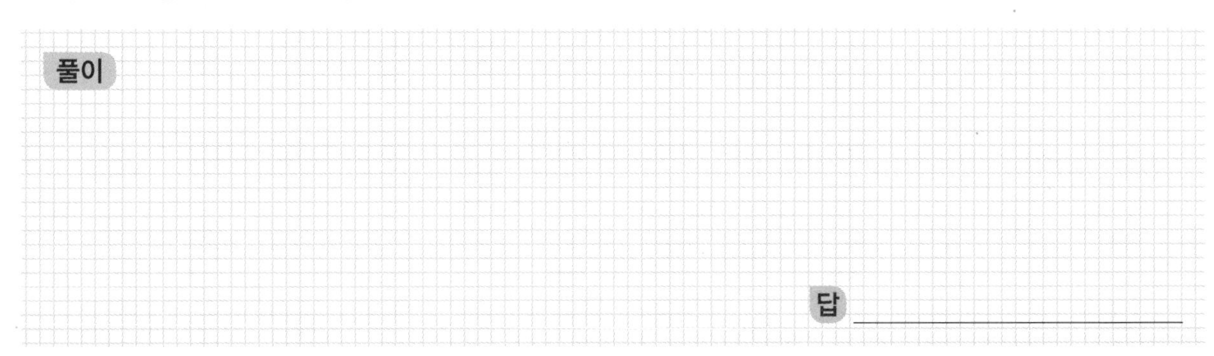

풀이

답 ____________

78쪽 문해력 5

3 참나무※장작 8도막과 사과나무 장작 9도막이 있습니다. 벽난로에 장작 10도막을 넣어 불을 지피면 남는 장작은 몇 도막인가요?

풀이

답 ____________

문해력 백과

장작: 불을 지필 때 사용하는 나무로 통나무를 길죽하게 잘라서 만든다.

• 정답과 해설 17쪽

74쪽 문해력 3

4 ※찻장에 도자기 컵 10개와 플라스틱 컵 7개가 있었습니다. 그중 도자기 컵 4개를 꺼냈습니다. 도자기 컵과 플라스틱 컵 중 찻장에 더 많이 남아 있는 컵은 무엇인가요?

풀이

답 ____________

76쪽 문해력 4

5 어느 지하철 칸에 ※승객 10명이 있었습니다. 이번 역에서 몇 명이 내렸더니 남은 승객이 5명이었습니다. 이번 역에서 내린 승객은 몇 명인가요? (단, 이번 역에서 지하철에 더 탑승한 승객은 없습니다.)

풀이

답 ____________

문해력 어휘

찻장: 차와 찻잔 또는 과일 등을 넣어 놓는 작은 장

승객: 차, 배, 비행기 등 탈것을 타는 손님

공부한 날 월 일

수학 문해력 평가하기

74쪽 문해력 3

6 냉장고에 포도 주스 10병과 사과 주스 3병이 있었습니다. 그중 포도 주스 8병을 친구들과 나누어 마셨습니다. 포도 주스와 사과 주스 중 냉장고에 더 적게 남아 있는 주스는 무엇인가요?

풀이

답 ____________________

80쪽 문해력 6

7 민희가 노란색, 빨간색, 흰색 구슬을 실에 끼워 팔찌를 만들었습니다. 노란색 구슬은 7개, 빨간색 구슬은 4개를 사용했고 흰색 구슬은 빨간색 구슬보다 8개 더 많이 사용했습니다. 팔찌를 만드는 데 사용한 흰색 구슬은 노란색 구슬보다 몇 개 더 많은가요?

풀이

답 ____________________

82쪽 문해력 7

8 1부터 9까지의 수 중에서 □ 안에 들어갈 수 있는 가장 큰 수를 구하세요.

$$4+2+\square<15$$

풀이

답 ____________________

• 정답과 해설 17쪽

76쪽 문해력 4

9 매장에※유선 이어폰 7개와※무선 이어폰 3개가 있었습니다. 오늘 이어폰 몇 개를 판매했더니 남은 이어폰이 4개였습니다. 오늘 판매한 이어폰은 몇 개인가요?

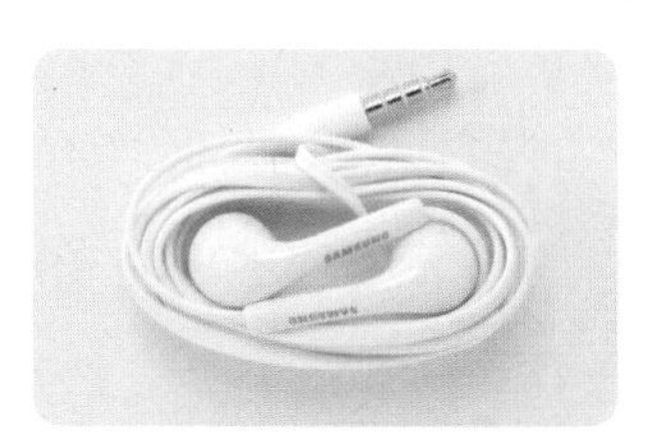

유선 이어폰

무선 이어폰

풀이

답 ______________

84쪽 문해력 8

10 지운이네 화단에 방울토마토가 빨갛게 열렸습니다. 열린 방울토마토 중 반을 동생이 먹고 남은 방울토마토 중 반을 지운이가 먹었더니 4개가 남았습니다. 지운이네 화단에 처음 열려 있던 방울토마토는 몇 개인가요?

그림 그리기

풀이

답 ______________

문해력 백과

유선 이어폰 : 선이 있는 이어폰

무선 이어폰 : 선 없이 쓸 수 있는 이어폰

시계 보기와 규칙 찾기

우리는 일상생활 속에서 시계의 시각을 확인하는 상황을 자주 경험할 수 있어요. 시계의 짧은바늘과 긴바늘이 가리키는 숫자의 의미를 이해하고 다양한 문제를 해결해 봐요.

또 반복되는 수와 모양의 규칙을 찾아보고 이 규칙을 이용하여 문제를 해결해 봐요.

이번 주에 나오는 어휘 & 지식백과

101쪽 윷놀이

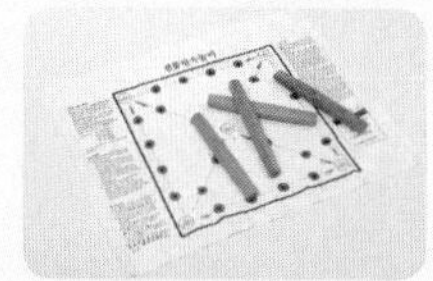

4개의 윷가락을 던지고 그 결과에 따라 말을 움직여 승부를 겨루는 민속놀이

101쪽 세배 (歲 해 세, 拜 절 배)

설날에 어른들께 인사로 하는 절

110쪽 좌석표 (座 자리 좌, 席 자리 석, 票 표 표)

앉을 수 있게 마련된 자리의 번호가 적혀있는 표

111쪽 뮤지컬 (musical)

미국에서 발달한 노래, 음악, 춤이 합쳐진 무대 작품

113쪽 타일 (tile)

점토를 구워서 만든 겉이 반들반들한 얇고 작은 판으로 벽이나 바닥에 붙여 장식하는 데 사용한다.

121쪽 탑승 (搭 탈 탑, 乘 탈 승)

배, 비행기, 차 등에 올라탐

121쪽 알람 시계 (alarm + 時 때 시, 計 셀 계)

미리 정해 놓은 시각이 되면 소리가 울리는 시계

문해력 기초 다지기

문장제에 적용하기

기초 문제가 어떻게 문장제가 되는지 알아봅니다.

1 시계가 나타내는 시각에 ○표 하기 »

(3시 , 12시)

세빈이가 **산책을 한 시각**을 쓰세요.

꼭! 단위까지 따라 쓰세요.

답 ______ 시

2 시계가 나타내는 시각에 ○표 하기 »

(12시 , 12시 30분)

태형이가 **점심을 먹은 시각**을 쓰세요.

답 ______

3 반복되는 부분을 찾아 /으로 나누기 »

규칙에 따라 **사과**와 **배**를 늘어놓았습니다.
규칙을 찾아 쓰세요.

규칙 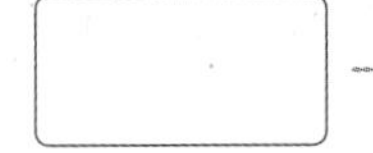 –  가 반복된다.

4 □ 안에 알맞은 그림을 찾아 ○표 하기 »

(,)

규칙에 따라 **연필**과 **지우개** 그림을 그렸습니다.
연필과 지우개 중 □ **안에 알맞은 그림**은 무엇인가요?

답 ____________

5 규칙에 따라 빈칸에 알맞은 수 써넣기 »

5 — 8 — 11 — □

규칙에 따라 수를 늘어놓은 것입니다.
규칙을 찾아 쓰세요.

5 — 8 — 11 — 14

규칙 □부터 시작하여 □씩 커진다.

6 규칙에 따라 빈칸에 알맞은 수 써넣기 »

1	2	3	4
5	6	7	8
9	10	11	12
13	14	□	16

수 배열표에서 ▒에 **있는 수들의 규칙**을 찾아 쓰세요.

1	2	3	4
5	6	7	8
9	10	11	12
13	14	15	16

규칙 □부터 시작하여 아래쪽으로 1칸 갈 때마다
□씩 커진다.

문해력 기초 다지기

문장 읽고 문제 풀기

간단한 문장제를 풀어 봅니다.

1 우영이와 친구들이 축구를 끝내고 시계를 보았더니 시계의 **짧은바늘이 1, 긴바늘이 12**를 가리켰습니다. **축구를 끝낸 시각**을 구하세요.

2 규진이가 눈사람을 완성하고 시계를 보았더니 시계의 **짧은바늘이 11과 12 사이, 긴바늘이 6**을 가리켰습니다. 규진이가 **눈사람을 완성한 시각**을 구하세요.

3 **규칙에 따라** 색칠하여 크리스마스 카드를 꾸미려고 합니다. **빈칸에 알맞은 색**을 쓰세요.

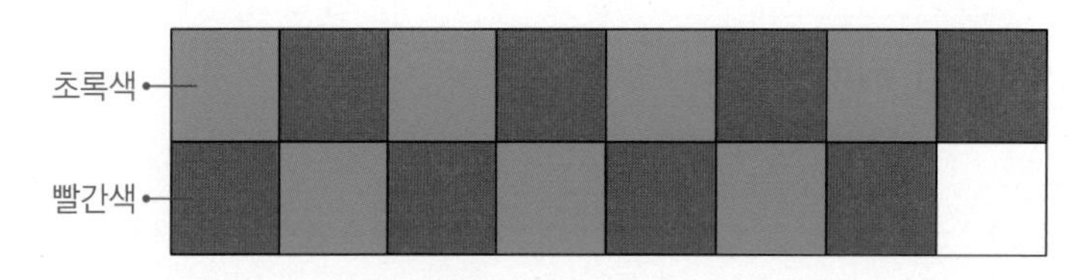

4 **두발자전거**와 **세발자전거**를 **규칙에 따라** 늘어놓았습니다.
빈칸에 들어갈 **자전거의 바퀴**는 **몇 개**인지 구하세요.

답 ____________

5 **규칙에 따라 수**를 늘어놓았습니다.
㉠**에 알맞은 수**를 구하세요.

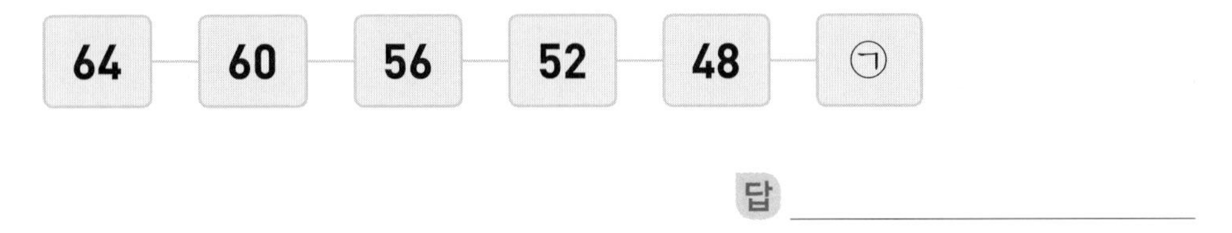

답 ____________

6 계산기에 있는 1부터 9까지의 번호를 보고
↘ **방향 수들의 규칙을 찾아** 쓰세요.

규칙 ____________

1일 수학 문해력 기르기

관련 단원 시계 보기와 규칙 찾기

문해력 문제 1

승혁이는 시계의 짧은바늘이 4와 5 사이, 긴바늘이 6을 가리킬 때,/
연주는 시계의 짧은바늘이 4, 긴바늘이 12를 가리킬 때 집에 도착했습니다./
승혁이와 연주 중 집에 더 빨리 도착한 사람은 누구인가요?
└ 구하려는 것

해결 전략

❶ 승혁이가 집에 도착한 시각과 연주가 집에 도착한 시각을 각각 구한 후

집에 더 빨리 도착한 사람을 구하려면

❷ 위 ❶에서 구한 시각 중 더 (먼저 , 나중)인 시각을 찾는다.
└ 알맞은 말에 ○표 하기

문제 풀기

❶ (승혁이가 집에 도착한 시각)=□시 □분

(연주가 집에 도착한 시각)=□시

❷ 4시가 4시 30분보다 먼저이므로

집에 더 빨리 도착한 사람은 □이다.

답 ______________

문해력 레벨업 '몇 시'와 '몇 시 30분'을 알아보자.

① 짧은바늘이 ■를,
긴바늘이 12를 가리킬 때의 시각
→ (정각) ■시

3시

5시

10시

② 짧은바늘이 ■와 (■+1) 사이를,
긴바늘이 6을 가리킬 때의 시각
→ ■시 30분

2시 30분

4시 30분

9시 30분

• 정답과 해설 18쪽
복습책 31쪽에 유사, 심화문제 제공

쌍둥이 문제

1-1 건우는 시계의 짧은바늘이 10과 11 사이, 긴바늘이 6을 가리킬 때,/ 다영이는 시계의 짧은바늘이 11, 긴바늘이 12를 가리킬 때 잠자리에 누웠습니다./ 건우와 다영이 중 잠자리에 더 빨리 누운 사람은 누구인가요?

따라 풀기 ❶

❷

답 ______________

문해력 레벨 1

1-2 지유네 마을에 있는/ 도서관은 시계의 짧은바늘이 8과 9 사이, 긴바늘이 6을 가리킬 때,/ 슈퍼마켓은 시계의 짧은바늘이 8, 긴바늘이 12를 가리킬 때 문을 엽니다./ 도서관과 슈퍼마켓 중 문을 더 늦게 여는 곳은 어디인가요?

스스로 풀기 ❶

문을 더 늦게 여는 곳을 구하려면 두 시각 중 더 나중인 시각을 찾으면 돼.

❷

답 ______________

문해력 레벨 2

1-3 나연이가 설날 아침에 할 일과 시각을 나타낸 것입니다./ 나연이가 가장 먼저 할 일의 기호를 쓰세요.

㉠ 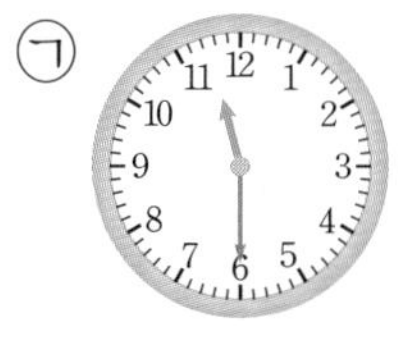

※윷놀이하기

㉡ 

※세배하기

㉢ 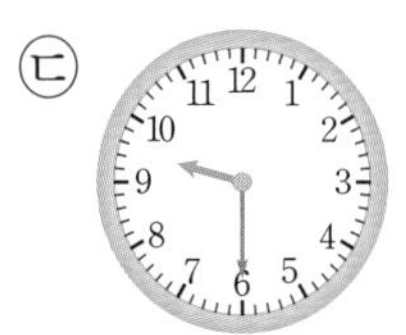

떡국 먹기

스스로 풀기 ❶ 설날 아침에 할 일의 시각 각각 구하기

문해력 백과

윷놀이: 윷을 던지고 말을 움직여 승부를 겨루는 민속놀이

세배: 설날에 어른들께 인사로 하는 절

❷ 위 ❶에서 구한 시각을 비교하여 가장 먼저 할 일 구하기

답 ______________

공부한 날 월 일

1일 수학 문해력 기르기

관련 단원 시계 보기와 규칙 찾기

문해력 문제 2

짧은바늘이 5와 6 사이,
긴바늘이 6을 가리키는 시계가 있습니다./
이 시계의 긴바늘이 한 바퀴 돌았을 때/
시계가 가리키는 시각을 구하세요.
└ 구하려는 것

해결 전략

❶ 시계의 긴바늘이 한 바퀴 돌면 짧은바늘이 큰 눈금 ☐칸을 움직이므로 이때 짧은바늘과 긴바늘의 위치를 구한다.

시계가 가리키는 시각을 구하려면

❷ 위 ❶에서 구한 짧은바늘과 긴바늘이 가리키는 시각을 구한다.

문제 풀기

❶ 시계의 긴바늘이 한 바퀴 돌면
짧은바늘이 6과 ☐ 사이, 긴바늘이 ☐을 가리킨다.

❷ 시계가 가리키는 시각은 ☐시 ☐분이다.

문해력 핵심

긴바늘이 한 바퀴 돌면 짧은바늘은 큰 눈금 1칸을 움직이고 긴바늘은 원래 자리로 돌아온다.

답 ____________

문해력 레벨업 시계의 긴바늘이 한 바퀴/반 바퀴 돌았을 때 짧은바늘과 긴바늘의 위치를 구하자.

예 2시를 가리키는 시계의 긴바늘이 한 바퀴 돈 경우

긴바늘이 한 바퀴 돌았을 때

짧은바늘이 큰 눈금 1칸을 움직이므로 짧은바늘이 3, 긴바늘이 12를 가리킨다.

예 2시를 가리키는 시계의 긴바늘이 반 바퀴 돈 경우

긴바늘이 반 바퀴 돌았을 때

짧은바늘이 큰 눈금 반 칸, 긴바늘이 큰 눈금 6칸을 움직이므로 짧은바늘이 2와 3 사이, 긴바늘이 6을 가리킨다.

쌍둥이 문제

2-1 짧은바늘이 10과 11 사이, 긴바늘이 6을 가리키는 시계가 있습니다./ 이 시계의 긴바늘이 한 바퀴 돌았을 때/ 시계가 가리키는 시각을 구하세요.

따라 풀기 ❶

❷

답 ____________

문해력 레벨 1

2-2 짧은바늘이 9, 긴바늘이 12를 가리키는 시계가 있습니다./ 이 시계의 긴바늘이 반 바퀴 돌았을 때/ 시계가 가리키는 시각을 구하세요.

스스로 풀기 ❶

❷

답 ____________

문해력 레벨 2

2-3 지은이는 시계의 짧은바늘이 2와 3 사이, 긴바늘이 6을 가리킬 때 책을 읽기 시작하여/ 시계의 긴바늘이 한 바퀴 반을 돌았을 때 다 읽었습니다./ 지은이가 책을 다 읽었을 때/ 시계가 가리키는 시각을 구하세요.

스스로 풀기 ❶ 시계의 긴바늘이 한 바퀴 돌았을 때 짧은바늘과 긴바늘의 위치 구하기

시계의 긴바늘이 한 바퀴 반을 돌은 경우 짧은바늘이 큰 눈금 1칸 반, 긴바늘이 큰 눈금 6칸만큼 움직인 것과 같아.

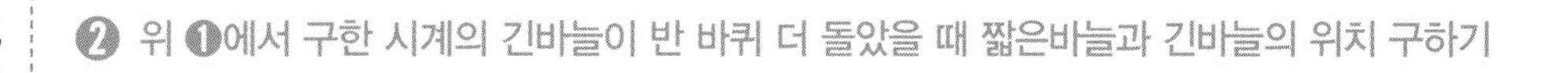

❷ 위 ❶에서 구한 시계의 긴바늘이 반 바퀴 더 돌았을 때 짧은바늘과 긴바늘의 위치 구하기

❸ 지은이가 책을 다 읽었을 때 시계가 가리키는 시각 구하기

답 ____________

수학 문해력 기르기

관련 단원 시계 보기와 규칙 찾기

문해력 문제 3

선빈이가 저녁을 먹고/
거울에 비친 시계를 보았더니 오른쪽과 같았습니다./
선빈이가 본 시계의 시각을 구하세요.
└ 구하려는 것

해결 전략

선빈이가 본 시계의 시각을 구하려면

❶ 시계의 짧은바늘과 긴바늘이 각각 가리키는 숫자를 구한 후

❷ 위 ❶에서 찾은 숫자를 이용하여 시각을 구한다.

문제 풀기

❶ 짧은바늘이 6과 ☐ 사이, 긴바늘이 ☐을 가리킨다.

❷ 선빈이가 본 시계의 시각: ☐시 ☐분

답 ____________

문해력 레벨업 거울에 비친 시계의 짧은바늘과 긴바늘이 각각 가리키는 숫자를 찾아 시계의 시각을 구하자.

거울에 비친 시계는 원래 시계의 오른쪽과 왼쪽이 서로 바뀌어 나타나지만
시계의 짧은바늘과 긴바늘이 가리키는 숫자는 바뀌지 않습니다.

예

원래 시계

→

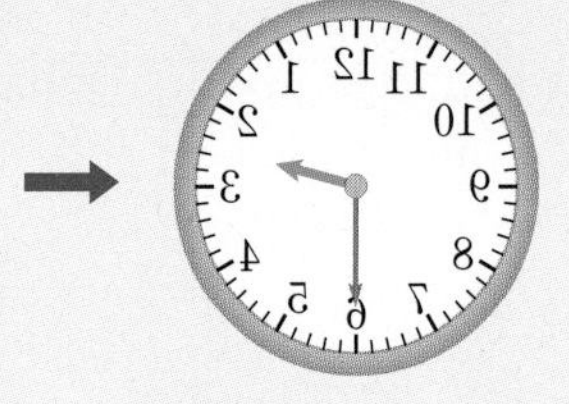

거울에 비친 시계

시계의 짧은바늘이 2와 3 사이,
긴바늘이 6을 가리킨다.
→ 2시 30분

• 정답과 해설 19쪽
복습책 33쪽에 유사, 심화문제 제공

쌍둥이 문제

3-1 연우가 서울역에 도착하여/ 거울에 비친 시계를 보았더니 오른쪽과 같았습니다./ 연우가 본 시계의 시각을 구하세요.

따라 풀기 ①

②

답

문해력 레벨 1

3-2 민준이가 운동을 끝내고 손목시계를 보았더니/ 손목시계를 반대로 차서 오른쪽과 같이 보였습니다./ 민준이가 본 시계의 시각을 구하세요.

스스로 풀기 ①

시계를 오른쪽(왼쪽)으로 돌려도 짧은바늘과 긴바늘이 가리키는 숫자는 변하지 않아.

②

답

문해력 레벨 2

3-3 오른쪽은 거울에 비친 시계입니다./ 거울에 비친 시계가 나타내는 시각에서 시계의 긴바늘이 두 바퀴 돌았을 때/ 이 시계가 가리키는 시각을 구하세요.

스스로 풀기 ① 시계의 짧은바늘과 긴바늘이 각각 가리키는 숫자 구하기

② 시계의 긴바늘이 두 바퀴 돌았을 때 짧은바늘과 긴바늘의 위치 구하기

③ 위 ②에서 구한 짧은바늘과 긴바늘이 가리키는 시각 구하기

답

공부한 날 월 일

일 수학 문해력 기르기

관련 단원 시계 보기와 규칙 찾기

문해력 문제 4

다음 설명을 모두 만족하는 시각을 구하세요.
└ 구하려는 것

- 시계의 긴바늘이 6을 가리킵니다.
- 1시와 4시 사이의 시각입니다.
- 2시보다 빠른 시각입니다.

해결 전략

설명을 모두 만족하는 시각을 구하려면

❶ 시계의 긴바늘이 6을 가리키는 시각을 구하고

❷ 1시와 4시 사이의 시각 중에서 몇 시 30분을 모두 구한 후

❸ 위 ❷에서 구한 시각들 중 2시 이전의 시각을 구한다.

문해력 핵심
■시보다 빠른 시각은 ■시 이전의 시각을, ■시보다 늦은 시각은 ■시 이후의 시각을 구한다.

문제 풀기

❶ 시계의 긴바늘이 6을 가리키면 몇 시 □분이다.

❷ 1시와 4시 사이의 시각 중에서 몇 시 □분인 시각:

□시 30분, □시 30분, □시 30분

❸ 2시보다 빠른 시각은 □시 30분이다.

답 ____________

문해력 레벨업 조건에서 알 수 있는 내용을 찾아 시각을 구하자.

예

시계의 긴바늘이 6	→	2시와 5시 사이인 시각 중에서 몇 시 30분	→	2시와 5시 사이의 몇 시 30분 중에서 3시보다 빠른 시각
몇 시 30분		2시 30분 3시 30분 4시 30분		2시 30분

쌍둥이 문제

4-1 다음 설명을 모두 만족하는 시각을 구하세요.

- 시계의 긴바늘이 12를 가리킵니다.
- 8시와 12시 사이의 시각입니다.
- 10시보다 늦은 시각입니다.

따라 풀기 ❶

긴바늘이 12를 가리키면 '몇 시'를 의미해.

❷

❸

답

문해력 레벨 1

4-2 다음 설명을 모두 만족하는 시각을 구하세요.

- 시계의 긴바늘이 가장 큰 숫자를 가리킵니다.
- 3시와 7시 사이의 시각입니다.
- 5시보다 빠른 시각입니다.

스스로 풀기 ❶ 시계의 긴바늘이 가리키는 숫자 구하기

시계에는 1부터 12까지의 숫자가 있어.

❷ 위 ❶에서 구한 긴바늘의 숫자를 이용하여 3시와 7시 사이의 시각 구하기

❸ 위 ❷에서 구한 시각들 중 5시 이전의 시각 구하기

답

수학 문해력 기르기

관련 단원 시계 보기와 규칙 찾기

문해력 문제 5

규칙에 따라 수를 늘어놓은 것입니다./ 7번째에 오는 수를 구하세요.
└ 구하려는 것

26 30 34 38 42 …

해결 전략

수를 늘어놓은 규칙을 찾으려면

❶ 수가 몇씩 커지거나 작아지는지 구하여

7번째에 오는 수를 구하려면

❷ 위 ❶에서 찾은 규칙에 따라 수를 써서 7번째에 오는 수를 구한다.

문제 풀기

❶ ☐부터 시작하여 ☐씩 커지는 규칙이다.

❷ 6번째에 오는 수부터 이어서 쓰면 ☐, ☐이므로

7번째에 오는 수는 ☐이다.

답 ____________

문해력 레벨업 규칙을 찾으려면 맨 앞의 수부터 시작하여 몇씩 커지거나 작아지는지 알아보자.

예

12	13	14	15	16	17	18	19	20	21	22	23	24	25	26	27	28	29	30	31

12 14 16 18 20 …

➔ 12부터 시작하여 **2**씩 커진다.

31 28 25 22 19 …

➔ 31부터 시작하여 **3**씩 작아진다.

• 정답과 해설 20쪽
복습책 35쪽에 유사, 심화문제 제공

쌍둥이 문제

5-1 규칙에 따라 수를 늘어놓은 것입니다./ 9번째에 오는 수를 구하세요.

11 14 17 20 23 ⋯

따라 풀기 ❶

❷

답

문해력 레벨 1

5-2 규칙에 따라 수를 늘어놓은 것입니다./ 7번째에 오는 수를 구하세요.

75 70 65 60 55 ⋯

스스로 풀기 ❶

❷

답

문해력 레벨 2

5-3 규칙에 따라 수를 늘어놓은 것입니다./ 8번째에 오는 수를 구하세요.

1 2 4 7 11 16 ⋯

스스로 풀기 ❶ '다음에 오는 수가 앞의 수에서 몇씩 커지는지' 수를 늘어놓은 규칙 찾기

❷ 위 ❶에서 찾은 규칙에 따라 수를 써서 8번째에 오는 수 구하기

답

공부한 날 월 일

3일

수학 문해력 기르기

관련 단원 시계 보기와 규칙 찾기

문해력 문제 6

오른쪽은 영화관의※좌석표 일부를 나타낸 것입니다./ 좌석마다 규칙에 따라 번호가 붙어 있을 때/ D열 넷째 좌석의 번호는 몇 번인가요?

└ 구하려는 것

해결 전략

좌석의 번호에서 규칙을 찾으려면

❶ 첫째 줄과 둘째 줄에서 A열부터 시작하여 B열, C열, ...의 뒤쪽 열로 갈 때마다 각각 몇씩 커지는지 구한다.

D열 넷째 좌석의 번호를 구하려면

❷ 위 ❶에서 찾은 규칙을 이용하여 D열 넷째 좌석의 번호를 구한다.

문해력 어휘

좌석표: 앉을 수 있게 마련된 자리의 번호가 적혀 있는 표

문제 풀기

❶ 첫째 줄은 1—7—13, 둘째 줄은 2—8—14이므로 A열부터 시작하여 뒤쪽 열로 갈 때마다 좌석의 번호가 ☐씩 커지는 규칙이다.

❷ 좌석의 번호가 넷째 줄은 4—10—☐—☐ 이므로 D열 넷째 좌석의 번호는 ☐번이다.

답 ________

문해력 핵심

문해력 레벨업 좌석표를 보고 여러 규칙을 찾아보자.

예

	첫째	둘째	셋째	넷째	다섯째
A열	8	9	10	11	12
B열	14	15	16	17	18
C열	20	21	22	23	24
D열	26	27	28	29	30

- ▭에 있는 수들은 14부터 시작하여 오른쪽으로 1칸 갈 때마다 1씩 커진다.
- ▭에 있는 수들은 8부터 시작하여 뒤쪽으로 1칸 갈 때마다 6씩 커진다.
- ▭에 있는 수들은 9부터 시작하여 ↘ 방향으로 1칸 갈 때마다 7씩 커진다.

• 정답과 해설 20쪽
복습책 36쪽에 유사, 심화문제 제공

쌍둥이 문제

6-1 ※뮤지컬 공연장의 좌석표 일부를 나타낸 것입니다./ 좌석마다 규칙에 따라 번호가 붙어 있을 때/ 마열 다섯째 좌석의 번호는 몇 번인가요?

	첫째	둘째	셋째	넷째	다섯째
가열	1	2	3	4	5
나열	8	9			
다열	15	16			
라열	22	23			
마열					

따라 풀기 ❶

문해력 백과
뮤지컬: 미국에서 발달한 노래, 음악, 춤이 합쳐진 무대 작품

❷

답 ______

문해력 레벨 1

6-2 민지네 교실의 좌석표 일부를 나타낸 것입니다./ 좌석마다 규칙에 따라 번호가 붙어 있을 때/ 색칠된 좌석의 번호는 몇 번인가요?

		(색칠됨)	
7	8		
12	13		15
17	18	19	20

스스로 풀기 ❶ 좌석의 번호가 아래쪽에서 위쪽으로 몇씩 작아지는지 규칙 찾기

❷

답 ______

4일 수학 문해력 기르기

관련 단원 시계 보기와 규칙 찾기

문해력 문제 7

규칙에 따라 하트 모양(♥), 네모 모양(■), 별 모양(★)의 구슬을 끼워 열쇠고리를 만들려고 합니다./
다음에 끼워야 할 구슬은 무슨 모양인가요?
└ 구하려는 것

해결 전략

구슬을 연결하는 규칙을 찾으려면
❶ 어떤 모양이 반복되는지 구한 다음

다음에 끼워야 할 구슬을 구하려면
❷ 위 ❶에서 찾은 규칙을 이용하여 네모 모양 다음에 올 구슬 모양을 구한다.

문제 풀기

❶ 하트-☐-☐ 모양이 반복된다.

❷ 네모 모양 다음에 끼워야 할 구슬은 ☐ 모양이다.

답 ______________

문해력 레벨업 먼저 반복되는 부분을 찾자.

예 규칙에 따라 고구마, 옥수수, 밤을 늘어놓았을 때 반복되는 부분 찾기

① 첫 번째 모양이 처음으로 언제 다시 나오는지 찾기

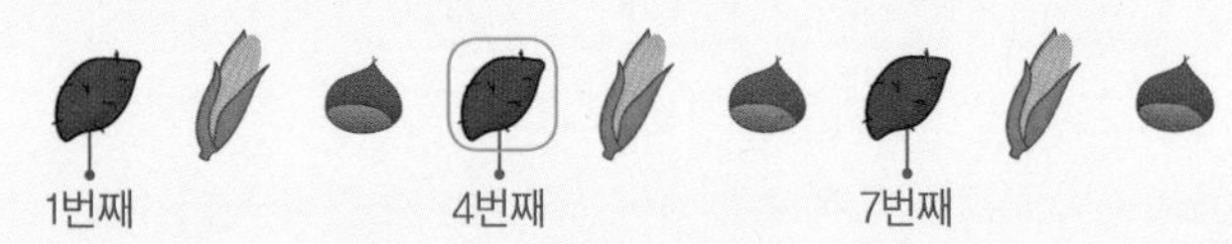

② 처음으로 다시 나온 첫 번째 모양 전까지를 반복되는 부분으로 생각하기

③ 반복되는 부분이 맞는지 확인하기

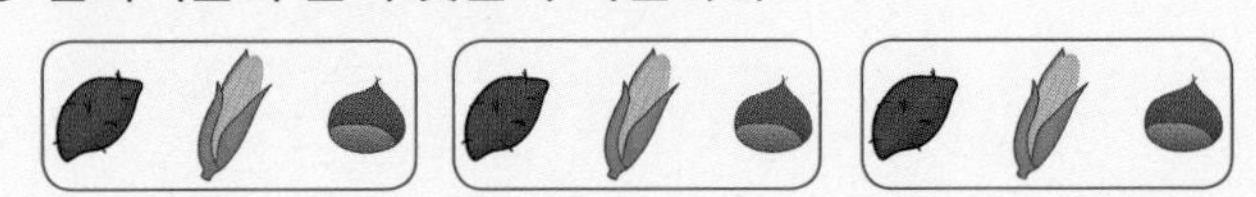

➜ 반복되는 부분이 같으므로 고구마-옥수수-밤이 반복되는 부분이다.

• 정답과 해설 20쪽
복습책 37쪽에 유사, 심화문제 제공

쌍둥이 문제

7-1 영지가 규칙에 따라 노란색, 파란색※타일을 한 줄로 붙여 벽을 장식하려고 합니다./ 다음에 붙여야 할 타일은 무슨 색인가요?

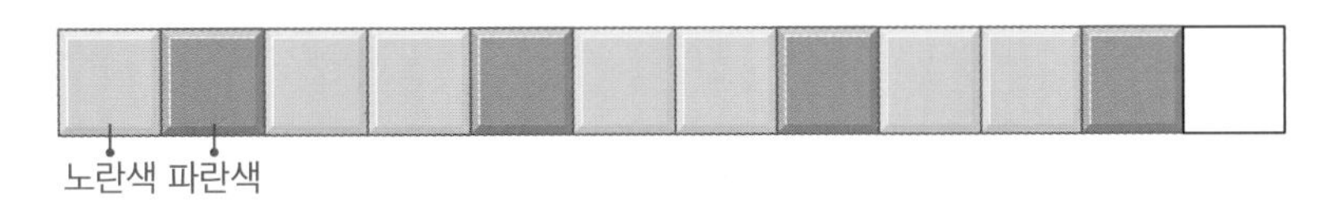

따라 풀기 

문해력 백과
타일: 겉이 반들반들한 얇고 작은 판으로 벽이나 바닥에 붙여 장식하는 데 사용한다.

답 ____________

문해력 레벨 1

7-2 어느 인형 가게에서 규칙에 따라 곰, 토끼, 펭귄 인형을 늘어놓았습니다./ ㉠에 놓여 있는 인형은 무엇인가요?

스스로 풀기 ❶

답 ____________

문해력 레벨 2

7-3 규칙에 따라 가위, 바위, 보를 나타낸 것입니다./ ㉠과 ㉡에 들어갈 손 모양의 펼친 손가락은 모두 몇 개인가요?

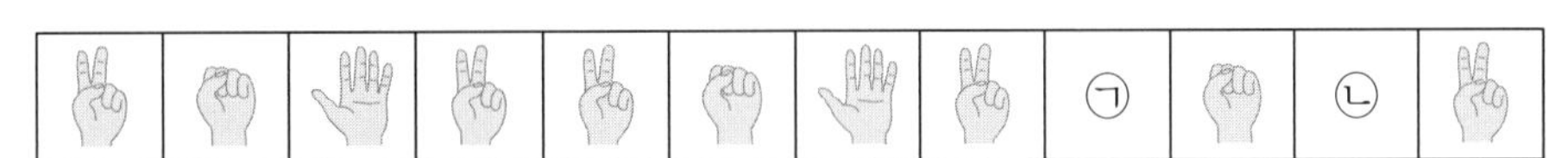

스스로 풀기 ❶ 반복되는 규칙 찾기

❷ ㉠과 ㉡에 들어갈 손 모양 구하기

❸ ㉠과 ㉡에 들어갈 손 모양의 펼친 손가락 수의 합 구하기

답 ____________

4일 수학 문해력 기르기

관련 단원 시계 보기와 규칙 찾기

문해력 문제 8

규칙에 따라 검은색 바둑돌과 흰색 바둑돌을 늘어놓았습니다./
11번째에 놓인 바둑돌은 무슨 색인가요?
└ 구하려는 것

해결 전략

11번째에 놓인 바둑돌 색을 구하려면

❶ 검은색 바둑돌과 흰색 바둑돌을 늘어놓은 규칙을 찾고

❷ 위 ❶에서 찾은 규칙에 따라 바둑돌 11개를 그린 후
11번째에 놓인 바둑돌의 색을 구한다.

문제 풀기

❶ 검은색－[　　]－[　　]이 반복된다.

바둑돌 그리기

❷ ● ● ○ ● ● ○ ● ● ○ [　] [　]

➜ 11번째에 놓인 바둑돌은 [　　]이다.

답 ______________

문해력 레벨업 반복되는 부분의 바둑돌 색을 찾아 그림을 그려보자.

예 13번째에 놓인 바둑돌 색 구하기

① 바둑돌 색이 검은색－흰색－흰색이 반복된다.
② 검은색－흰색－흰색을 반복해서 그리면

└ 13번째에 놓인 바둑돌

➜ 13번째에 놓인 바둑돌은 검은색이다.

• 정답과 해설 21쪽
복습책 38쪽에 유사, 심화문제 제공

쌍둥이 문제

8-1 규칙에 따라 검은색 바둑돌과 흰색 바둑돌을 늘어놓았습니다./ 13번째에 놓인 바둑돌은 무슨 색인가요?

●○●●○●●○● …

따라 풀기 ❶

❷

답 ______________

문해력 레벨 1

8-2 규칙에 따라 흰색 바둑돌과 검은색 바둑돌을 늘어놓았습니다./ 바둑돌 11개를 늘어놓았을 때/ 흰색 바둑돌은 모두 몇 개인가요?

스스로 풀기 ❶ 바둑돌을 늘어놓은 규칙 찾기

❷ 위 ❶에서 찾은 규칙에 따라 바둑돌 11개 그리기

❸ 위 ❷에서 그린 그림을 보고 흰색 바둑돌의 개수 구하기

답 ______________

문해력 레벨 2

8-3 규칙에 따라 검은색 바둑돌과 흰색 바둑돌을 늘어놓았습니다./ 바둑돌 14개를 늘어놓았을 때/ 흰색 바둑돌은 검은색 바둑돌보다 몇 개 더 많은가요?

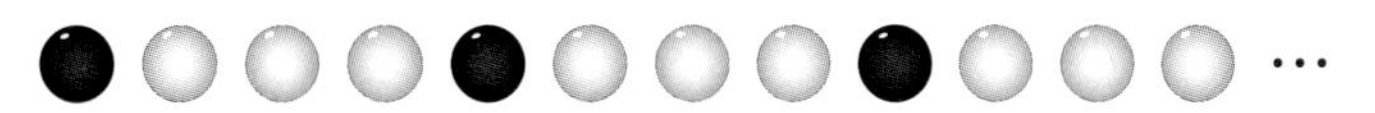

스스로 풀기 ❶ 규칙을 찾아 바둑돌 14개 그리기

❷ 위 ❶에서 그린 그림을 보고 검은색 바둑돌과 흰색 바둑돌의 개수 구하기

❸ 흰색 바둑돌은 검은색 바둑돌보다 몇 개 더 많은지 구하기

답 ______________

수학 문해력 완성하기

관련 단원 시계 보기와 규칙 찾기

기출 1 |보기|에서 규칙을 찾아/ 1부터 9까지의 수 중에서 빈 곳에 들어갈 수를 구하세요.

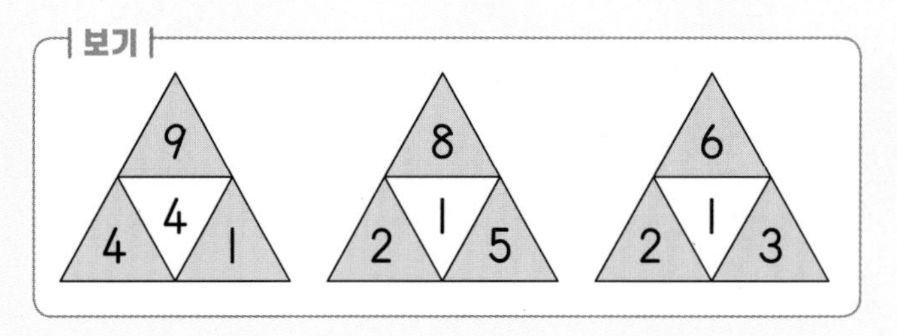

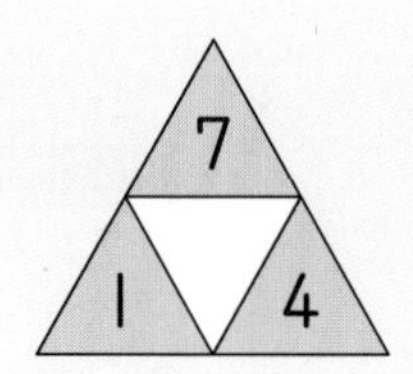

해결 전략

|보기|의 모양에서 색칠된 부분의 수들을 더하거나 빼서 규칙을 찾아보자.

예

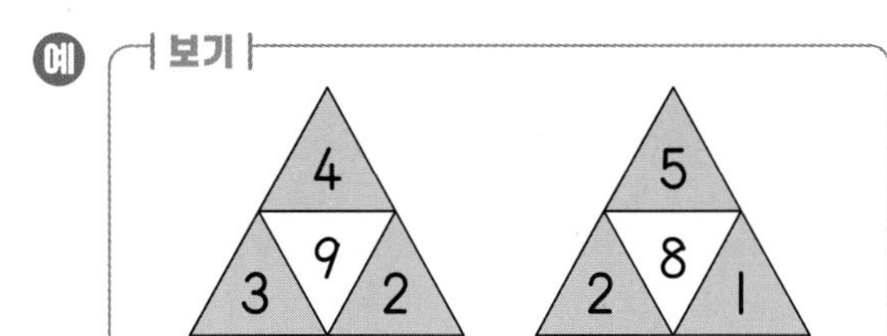

→ $4+3+2=9$, $5+2+1=8$

규칙 색칠된 부분의 세 수를 더한 값이 가운데 수

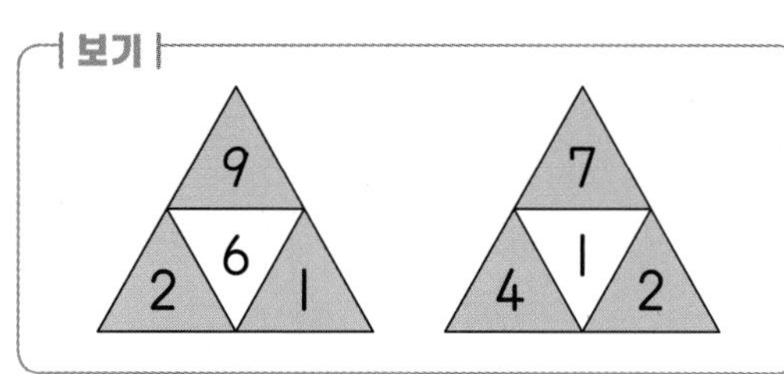

→ $9-2-1=6$, $7-4-2=1$

규칙 색칠된 부분의 수 중 가장 큰 수에서 나머지 두 수를 뺀 값이 가운데 수

※19년 하반기 20번 기출 유형

문제 풀기

❶ |보기|에서 색칠된 부분의 수들을 더하거나 빼서 가운데 수가 되는 규칙 찾기

$9-4-1=$ ☐, $8-2-5=$ ☐, $6-2-3=$ ☐ 이므로

❷ 위 ❶에서 찾은 규칙을 이용하여 빈 곳에 들어갈 수 구하기

답

관련 단원 시계 보기와 규칙 찾기

기출 2 규칙에 따라 여러 가지 모양을 늘어놓은 것입니다./ 모양을 16번째까지 늘어놓았을 때/ 늘어놓은 ● 모양은 ▯ 모양보다 몇 개 더 많은지 구하세요.

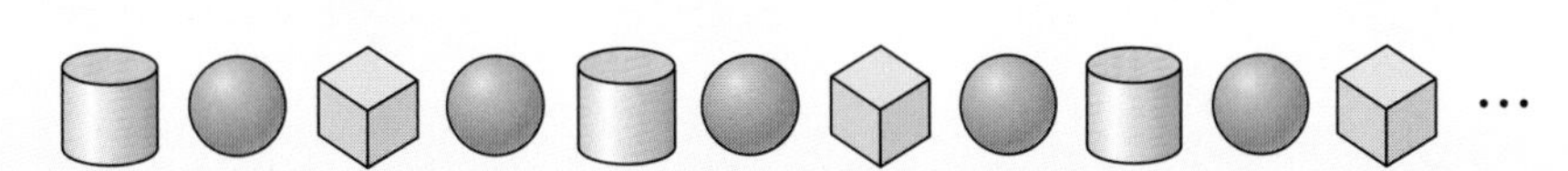

해결 전략

반복되는 부분을 찾아 모양을 늘어놓은 규칙을 구하자.

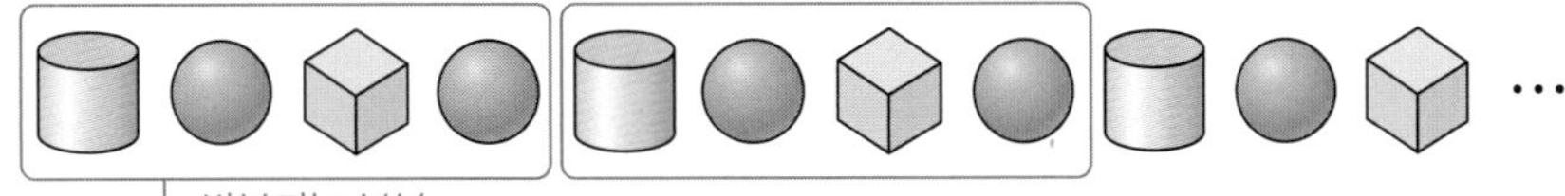

※15년 하반기 23번 기출 유형

문제 풀기

❶ 모양을 늘어놓은 규칙 구하기

▯, ☐, ◇, ☐ 모양이 반복된다.

❷ 위 ❶에서 구한 규칙을 이용하여 늘어놓을 때 각각의 모양의 개수 구하기

• 4번째까지 늘어놓을 때: ▯ 모양 1개, ● 모양 ☐개, ◇ 모양 1개

• 8번째까지 늘어놓을 때: ▯ 모양 2개, ● 모양 4개, ◇ 모양 2개

• 12번째까지 늘어놓을 때: ▯ 모양 3개, ● 모양 6개, ◇ 모양 3개

• 16번째까지 늘어놓을 때: ▯ 모양 ☐개, ● 모양 ☐개, ◇ 모양 4개

❸ 16번째까지 늘어놓은 ● 모양은 ▯ 모양보다 몇 개 더 많은지 구하기

답 ____________

공부한 날 월 일

5일

일 수학 문해력 완성하기

관련 단원 시계 보기와 규칙 찾기

창의 3 다음은 지안이와 유찬이가 썰매장에 도착한 시각을 설명한 것입니다./ 지안이와 유찬이 중 썰매장에 더 빨리 도착한 사람은 누구인가요?

지안: 나는 시계의 긴바늘이 12를 가리키고,/ 짧은바늘과 긴바늘이 가리키는 숫자의 합이 14일 때/ 도착했어.

유찬: 나는 시계의 짧은바늘이 2와 3 사이, 긴바늘이 6을 가리키고 있을 때/ 도착했어.

해결 전략

- 긴바늘이 12를 가리키면 ■시이고, 이때 짧은바늘은 숫자 ■를 가리킨다.
- 긴바늘이 6을 가리키면 ▲시 30분이고,
  이때 짧은바늘은 방금 지나온 숫자 ▲와 앞으로 지나갈 숫자 ▲+1 사이를 가리킨다.

문제 풀기

❶ 지안이가 썰매장에 도착한 시각 구하기

시계의 긴바늘이 12를 가리키고 짧은바늘이 ■를 가리킨다면

■+☐=14, ■=☐이다. ➔ (지안이가 썰매장에 도착한 시각)=☐시

❷ 유찬이가 썰매장에 도착한 시각 구하기

시계의 짧은바늘이 2와 3 사이, 긴바늘이 6을 가리키므로

유찬이가 썰매장에 도착한 시각은 ☐시 ☐분이다.

❸ 위 ❶과 ❷에서 구한 시각을 비교하여 썰매장에 더 빨리 도착한 사람 구하기

답 ______________

관련 단원 시계 보기와 규칙 찾기

융합 4 영경이가 칭찬 도장판 번호 위에 규칙에 따라 당근 모양 도장을 찍고 있습니다./ 같은 규칙에 따라 계속해서 도장을 찍는다면/ 영경이가 도장을 찍어야 할 번호 중 가장 큰 번호는 몇 번인가요?

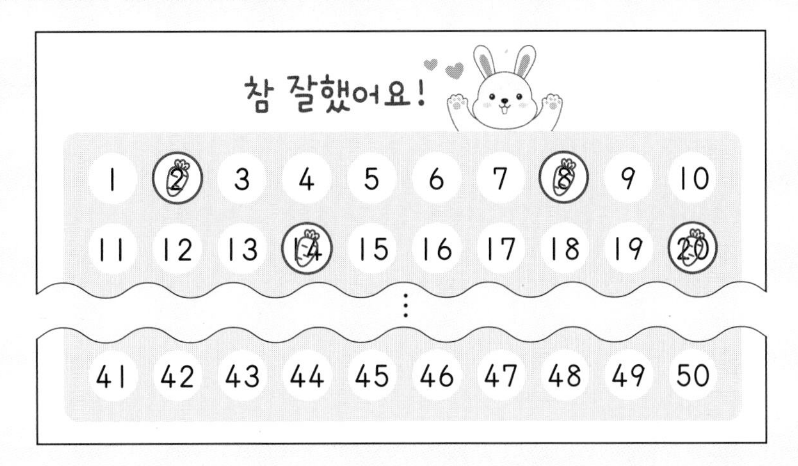

해결 전략

도장을 찍은 번호의 규칙을 찾자.

예

1	2	3	4	5	6	7	8	9	10
11	12	13	14	15	16	17	18	19	20

도장을 찍은 번호는
1, 4, 7, 10, 13, 16, 19이다.
➜ **1**부터 시작하여
3씩 커지는 규칙

문제 풀기

❶ 칭찬 도장판 위에 도장을 찍은 번호의 규칙 구하기

도장을 찍은 번호는 2, 8, 14, ☐이므로 ☐부터 시작하여 ☐씩 커지는 규칙이다.

❷ 도장을 찍어야 할 나머지 번호를 모두 찾아 가장 큰 번호 구하기

도장을 찍어야 할 나머지 번호를 모두 찾으면 26–32–☐–☐–☐이다.

➜ (도장을 찍어야 할 가장 큰 번호)=☐번

답 ________

수학 문해력 평가하기

문제를 읽고 조건을 표시하면서 풀어 봅니다.

108쪽 문해력 5

1 규칙에 따라 수를 늘어놓은 것입니다. 7번째에 오는 수를 구하세요.

13 18 23 28 33 …

풀이

답 ____________

112쪽 문해력 7

2 규칙에 따라 구름 모양(), 해 모양(), 달 모양()의 붙임딱지를 붙인 것입니다. 다음에 붙여야 할 붙임딱지는 무슨 모양인가요?

풀이

답 ____________

102쪽 문해력 2

3 짧은바늘이 5, 긴바늘이 12를 가리키는 시계가 있습니다. 이 시계의 긴바늘이 한 바퀴 돌았을 때 시계가 가리키는 시각을 구하세요.

풀이

답 ____________

• 정답과 해설 22쪽

100쪽 문해력 1

4 윤진이는 시계의 짧은바늘이 2, 긴바늘이 12를 가리킬 때, 민우는 시계의 짧은바늘이 1과 2 사이, 긴바늘이 6을 가리킬 때 제주도로 향하는 비행기에※탑승했습니다. 윤진이와 민우 중 비행기에 더 빨리 탑승한 사람은 누구인가요?

출처: © IM_photo/shutterstock

풀이

답 ______________

104쪽 문해력 3

5 채원이가 아침에 일어나 거울에 비친※알람 시계를 보았더니 오른쪽과 같았습니다. 채원이가 본 시계의 시각을 구하세요.

풀이

답 ______________

문해력 어휘

탑승: 배, 비행기, 차 등에 올라탐

알람 시계: 미리 정해 놓은 시각이 되면 소리가 울리는 시계

주말 TEST 수학 문해력 평가하기

114쪽 문해력 8

6 규칙에 따라 흰색 바둑돌과 검은색 바둑돌을 늘어놓았습니다. 13번째에 놓인 바둑돌은 무슨 색인가요?

○ ● ● ○ ○ ● ● ○ ○ ● ● ○ …

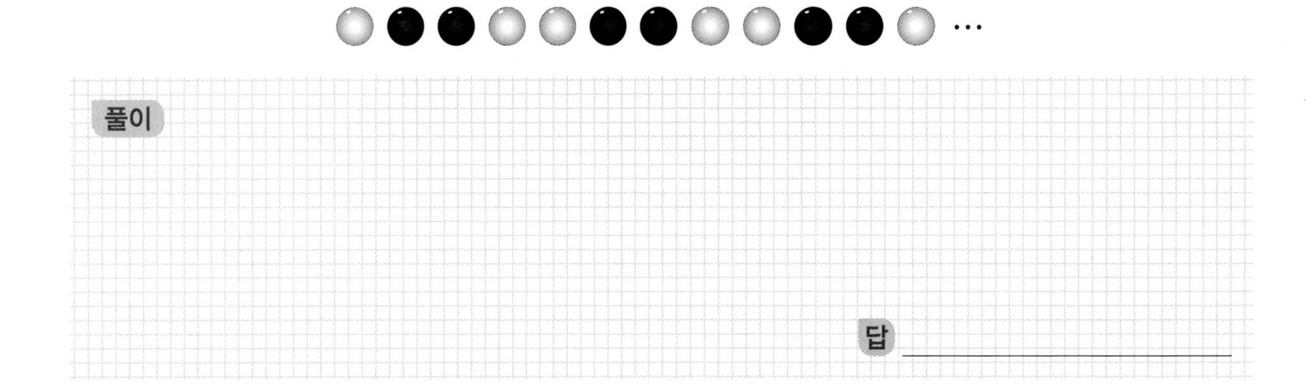

풀이

답

100쪽 문해력 1

7 달콤 과일 가게는 시계의 짧은바늘이 6과 7 사이, 긴바늘이 6을 가리킬 때, 아삭 야채 가게는 짧은바늘이 7, 긴바늘이 12를 가리킬 때 문을 닫습니다. 달콤 과일 가게와 아삭 야채 가게 중 문을 더 늦게 닫는 가게는 어디인가요?

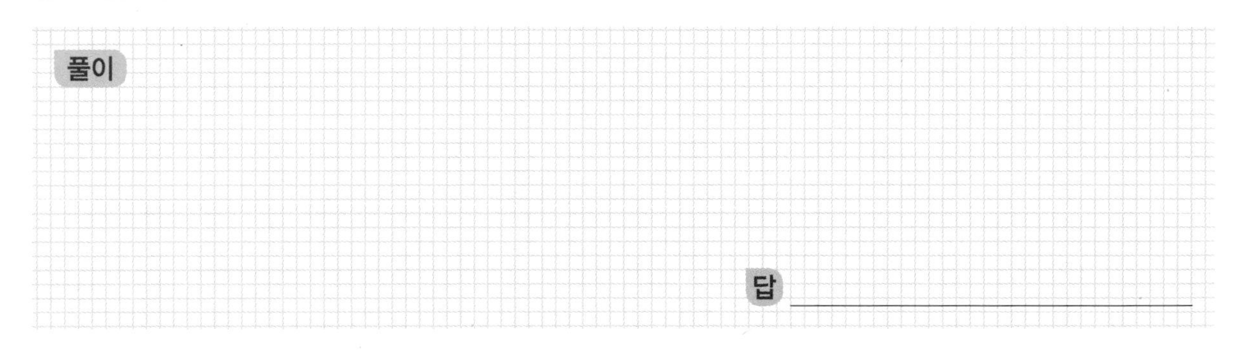

풀이

답

114쪽 문해력 8

8 규칙에 따라 흰색 바둑돌과 검은색 바둑돌을 늘어놓았습니다. 바둑돌 11개를 늘어놓았을 때 검은색 바둑돌은 모두 몇 개인가요?

○ ● ● ○ ● ● ○ ● ● …

풀이

답

• 정답과 해설 22쪽

106쪽 문해력 4

9 다음 설명을 모두 만족하는 시각을 구하세요.

- 시계의 긴바늘이 6을 가리킵니다.
- 6시와 10시 사이의 시각입니다.
- 7시보다 빠른 시각입니다.

110쪽 문해력 6

10 어느 기차의 좌석표 일부를 나타낸 것입니다. 좌석마다 규칙에 따라 번호가 붙어 있을 때 C열 여섯째 좌석의 번호는 몇 번인가요?

	첫째	둘째	셋째	넷째	다섯째	여섯째	일곱째
A열	1	5	9	13			
B열	2	6	10	14			
C열	3						
D열	4						

풀이

답

MEMO

www.chunjae.co.kr

복습책

초등 문해력

독해가 힘이다

천재교육

기본기와 서술형을 한 번에, 확실하게
수학 자신감은 덤으로!

수학리더 시리즈 (초1~6 / 학기용)

[연산]
(*예비초~초6/총14단계)

[개념]

[기본]

[유형]

[기본+응용]

[응용·심화]

[최상위]
(*초3~6)

본책 11쪽의 유사 문제
• 정답과 해설 23쪽

1-1 유사 문제

1 도넛 가게에서 도넛 73개를 한 봉지에 10개씩 담아 팔려고 합니다. 도넛을 몇 봉지까지 팔 수 있는지 구하세요.

풀이

답 ______________

1-2 유사 문제

2 꽃집에※수국이 86송이 있습니다. 이 수국을 한 묶음에 10송이씩 묶고 남은 것은 꽃병에 꽂으려고 합니다. 꽃병에 꽂을 수국은 몇 송이인지 구하세요.

풀이

문해력 백과

수국: 잎은 달걀 모양이고 두껍다. 꽃이나 잎, 뿌리 모두 약재로 귀하게 쓰인다.

답 ______________

1-3 유사 문제

3 케이크 한 개를 만드는 데 달걀이 10개 필요합니다. 달걀이 10개씩 묶음 6개와 낱개 24개가 있다면 케이크를 몇 개까지 만들 수 있는지 구하세요.

풀이

답 ______________

2-1 유사 문제

4 송편이 87개 있습니다. 송편을 한 접시에 10개씩 담으려고 합니다. 접시 9개를 모두 채우려면 송편은 몇 개 더 있어야 하는지 구하세요.

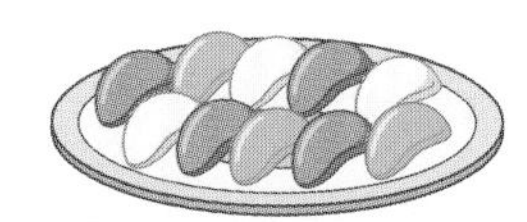

풀이

답 ______________

2-2 유사 문제

5 탁구공이 66개 있습니다. 탁구공을 한 상자에 10개씩 넣으려고 합니다. 상자 8개를 모두 채우려면 탁구공은 몇 개 더 있어야 하는지 구하세요.

풀이

답 ______________

2-3 유사 문제

6 민채가 산 호두는 10개씩 묶음 6개와 낱개 35개입니다. 호두가 100개가 되려면 몇 개를 더 사야 하는지 구하세요.

풀이

답 ______________

본책 15쪽의 유사 문제
• 정답과 해설 23쪽

3-1 유사 문제

1 피아노※연주회에 진아는 76번째, 은채는 69번째, 재하는 81번째로 입장했습니다. 세 사람 중 가장 먼저 입장한 사람은 누구인가요?

풀이

문해력 어휘
연주회: 음악을 연주하여 음악을 듣기 위해 모인 사람들에게 들려주는 모임

답

3-2 유사 문제

2 우표를 현주는 72장 가지고 있고, 진희는 78장, 선예는 10장씩 묶음 5개와 낱장 27장을 가지고 있습니다. 우표를 가장 많이 가지고 있는 사람은 누구인가요?

풀이

답

3-3 유사 문제

3 생선 가게에 삼치가 91마리, 꽁치가 여든다섯 마리, 갈치가 88마리보다 2마리 더 많이 있습니다. 생선 가게에 많이 있는 생선부터 차례로 쓰세요.

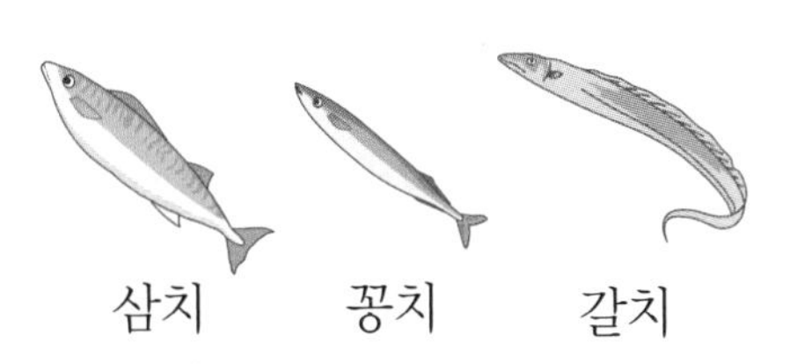

풀이

답

4-1 유사 문제

4 어떤 수보다 1만큼 더 큰 수는 63입니다. 어떤 수보다 1만큼 더 작은 수는 얼마인지 구하세요.

풀이

답 ______________

4-2 유사 문제

5 어떤 수보다 1만큼 더 작은 수는 86입니다. 어떤 수보다 1만큼 더 큰 수는 얼마인지 구하세요.

풀이

답 ______________

4-3 유사 문제

6 유리네 할머니의 나이보다 1살 더 적은 나이는 74살입니다. 유리네 할머니의 나이보다 3살 더 많은 나이는 몇 살인지 구하세요.

풀이

답 ______________

5-2 유사 문제

1 4장의 수 카드 중에서 2장을 뽑아 한 번씩만 사용하여 몇십몇을 만들려고 합니다. 만들 수 있는 수 중에서 가장 큰 수를 쓰세요.

6 8 2 4

풀이

답 ____________

5-3 유사 문제

2 4장의 수 카드 중에서 2장을 뽑아 한 번씩만 사용하여 몇십몇을 만들려고 합니다. 만들 수 있는 수 중에서 두 번째로 작은 수를 구하세요.

5 1 3 7

풀이

답 ____________

문해력 레벨 3

3 4장의 수 카드 중에서 2장을 뽑아 한 번씩만 사용하여 몇십몇을 만들려고 합니다. 만들 수 있는 수 중에서 64보다 크고 85보다 작은 수는 모두 몇 개인지 구하세요.

8 4 6 1

풀이

답 ____________

6-1 유사 문제

4 오른쪽과 같이 몇십몇을 적은 종이가 찢어져서 10개씩 묶음의 수가 보이지 않습니다. 이 수가 67보다 큰 수일 때 1부터 9까지의 수 중에서 10개씩 묶음의 수가 될 수 있는 수를 모두 구하세요.

7

풀이

답 ______________

6-2 유사 문제

5 수정이와 재훈이는 각각 몇십몇의 수를 생각했습니다. 수정이가 생각한 수는 64이고 재훈이가 생각한 수는 ■8이라고 합니다. 재훈이가 생각한 수는 수정이가 생각한 수보다 작은 수일 때 1부터 9까지의 수 중에서 ■가 될 수 있는 가장 큰 수를 구하세요.

풀이

답 ______________

6-3 유사 문제

6 1부터 9까지의 수 중에서 □ 안에 공통으로 들어갈 수 있는 수를 모두 구하세요.

• 9□<96   • 53>□8

풀이

답 ______________

7-1 유사 문제

1 놀이공원의 사물함에 순서대로 번호가 적혀 있습니다. 67번과 75번 사이에 있는 사물함 중에서 홀수가 적힌 사물함은 모두 몇 개인가요?

풀이

답 ____________

7-2 유사 문제

2 길가에※가로수가 한 줄로 심어져 있습니다. 가로수에 순서대로 번호가 적혀 있을 때 58번과 69번 사이에 있는 가로수 중에서 짝수가 적힌 가로수는 모두 몇 그루인가요?

풀이

문해력 어휘
가로수: 신선한 공기를 제공하기 위해 길을 따라 줄지어 심은 나무

답 ____________

7-3 유사 문제

3 10개씩 묶음이 5개이고 낱개가 34개인 수가 있습니다. 이 수와 97 사이에 있는 수 중에서 짝수는 모두 몇 개인가요?

풀이

답 ____________

8-2 유사 문제

4 세 사람의 설명을 모두 만족하는 수를 구하세요.

풀이

답 ______________

8-3 유사 문제

5 10부터 99까지의 수 중 다음 설명을 모두 만족하는 수는 몇 개인지 구하세요.

- 10개씩 묶음의 수가 5보다 크고 8보다 작습니다.
- 10개씩 묶음의 수와 낱개의 수의 합이 10보다 작습니다.
- 짝수입니다.

풀이

답 ______________

문해력 레벨 3

6 ㉠과 ㉡ 사이에 있는 수 중에서 홀수는 모두 몇 개인지 구하세요.

㉠ 10개씩 묶음 5개와 낱개 35개인 수
㉡ 100보다 4만큼 더 작은 수

풀이

답 ______________

본책 26쪽의 유사 문제
• 정답과 해설 25쪽

기출 1 유사 문제

1 |보기|와 같이 약속할 때 ㉠에 알맞은 수를 구하세요.

|보기|
→: 1만큼 더 큰 수
←: 1만큼 더 작은 수
↑: 10만큼 더 큰 수
↓: 10만큼 더 작은 수

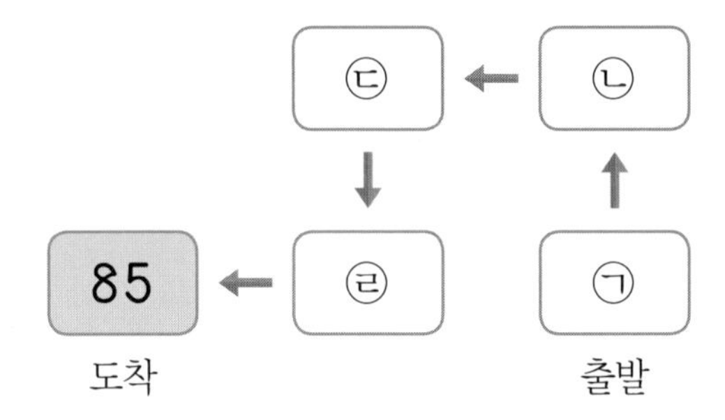

풀이

답 ____________

기출 변형

2 |보기|와 같이 약속할 때 ㉠에 알맞은 수를 구하세요.

|보기|
→: 1만큼 더 큰 수
←: 1만큼 더 작은 수
↑: 10만큼 더 큰 수
↓: 10만큼 더 작은 수

㉡ → ㉢
↑ ↓
㉠ ㉣ → 76
출발 도착

풀이

답 ____________

기출 2 유사 문제

3 앞면과 뒷면에 쓰인 두 수의 합이 6인 수 카드가 3장 있습니다. 수 카드의 앞면이 2, 4, 3 일 때, 2장을 골라 한 번씩만 사용하여 몇십몇을 만들려고 합니다. 만들 수 있는 수 중 서로 다른 짝수는 모두 몇 개인가요? (이때, 뒷면에 쓰인 수를 사용해서도 수를 만들 수 있습니다.)

풀이

답 ____________________

기출 변형

4 앞면과 뒷면에 쓰인 두 수의 합이 8인 수 카드가 3장 있습니다. 수 카드의 앞면이 7, 2, 1 일 때, 2장을 골라 한 번씩만 사용하여 몇십몇을 만들려고 합니다. 만들 수 있는 수 중 서로 다른 홀수는 모두 몇 개인가요? (이때, 뒷면에 쓰인 수를 사용해서도 수를 만들 수 있습니다.)

풀이

답 ____________________

본책 41쪽의 유사 문제
• 정답과 해설 25쪽

1-1 유사 문제

1 남우네 집에는 숟가락이 10개씩 묶음 2개와 낱개 6개가 있습니다. 손님을 초대하여 음식을 나누어 먹으려면 숟가락 2개가 더 필요합니다. 필요한 숟가락은 모두 몇 개인가요?

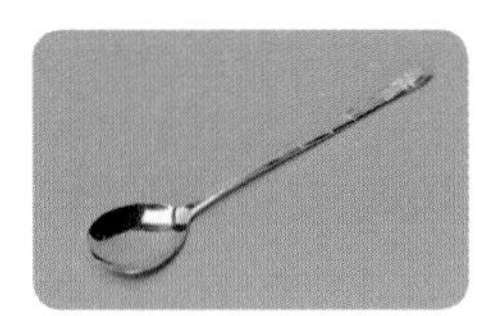

풀이

답 ______________

1-2 유사 문제

2 어느 식당에 달걀이 10개씩 묶음 4개와 낱개 4개가 있습니다. ※오믈렛을 만드는 데 달걀 3개를 사용했다면 지금 남아 있는 달걀은 몇 개인가요?

풀이

문해력 백과

오믈렛: 고기나 야채 따위를 잘게 썰어 볶은 것을 달걀을 풀어서 얇게 부친 것에 싼 요리

답 ______________

1-3 유사 문제

3 어느 지역 축제의 ※참가 신청서가 10장씩 묶음 7개와 낱개 9장이 있었습니다. 지금까지 60명이 참가 신청서를 작성했다면 남은 참가 신청서는 몇 장인가요?

풀이

문해력 어휘

참가 신청서: 어떤 모임이나 행사에 참가하겠다는 뜻을 관련 단체에 알리는 문서

답 ______________

2-1 유사 문제

4 화단에 장미꽃이 80송이 피었고, 해바라기는 장미꽃보다 70송이 더 적게 피었습니다. 화단에 핀 장미꽃과 해바라기는 모두 몇 송이인가요?

풀이

답 ______________

2-2 유사 문제

5 어제 현서와 서아는 지역 어르신 도시락 배달 봉사활동을 했습니다. 현서와 서아가 배달한 도시락은 모두 몇 개인가요?

풀이

답 ______________

2-3 유사 문제

6 국주는 선생님이 숙제로 내주신 받아쓰기를 어제부터 하기 시작했습니다. 어제는 받아쓰기 16개를 하고, 오늘은 어제보다 5개를 더 적게 했습니다. 남은 받아쓰기의 수가 10개일 때 선생님이 숙제로 내주신 받아쓰기는 모두 몇 개인가요?

풀이

답 ______________

본책 45쪽의 유사 문제
• 정답과 해설 26쪽

3-1 유사 문제

1 수 카드를 한 번씩만 사용하여 만들 수 있는 가장 큰 몇십몇과 가장 작은 몇십몇의 합을 구하세요.

2 7 1 4

풀이

답 ____________

3-2 유사 문제

2 수 카드를 한 번씩만 사용하여 만들 수 있는 가장 큰 몇십몇과 가장 작은 몇십몇의 차를 구하세요.

8 3 5 9

풀이

답 ____________

3-3 유사 문제

3 수 카드 중 4장을 골라 한 번씩만 사용하여 (두 자리 수)−(두 자리 수)를 만들려고 합니다. 계산 결과가 가장 클 때의 값을 구하세요.

6 0 8 7 3

풀이

답 ____________

본책 47쪽의 유사 문제

4-2 유사 문제

4 정훈이가 받은 상장 몇십몇 개와 동생이 받은 상장 12개를 합하니 모두 29개였습니다. 정훈이가 받은 상장은 몇 개인가요?

풀이

답 ____________

문해력 레벨 2

5 소민이는 가지고 있는 사탕 중 24개를 친구들에게 나누어 주어 13개가 남았고, 세찬이는 사탕 16개를 더 받아서 48개가 되었습니다. 소민이와 세찬이 중 처음에 가지고 있던 사탕이 더 많은 사람은 누구인가요?

풀이

답 ____________

본책 49쪽의 유사 문제
• 정답과 해설 26쪽

5-1 유사 문제

1 성주네 아파트에 사는 초등학생 중 남학생은 32명, 여학생은 24명입니다. 그중 40명은 안경을 쓰지 않았습니다. 안경을 쓴 초등학생은 몇 명인가요?

풀이

답 ______________

5-2 유사 문제

2 옷장에 옷걸이 76개가 있습니다. 그중 21개에 윗옷을 걸고, 14개에 아래옷을 걸었습니다. 남은 옷걸이는 몇 개인가요?

풀이

답 ______________

5-3 유사 문제

3 한글 자석이 49개 있습니다. 소미가 자석 4개를 사용하여 이름을 만들고, 현주는 소미보다 자석 1개를 더 사용하여 이름을 만들었습니다. 남은 자석은 몇 개인가요?

풀이

답 ______________

6-1 유사 문제

4 어떤 수 몇십몇에 12를 더해야 할 것을 잘못하여 뺐더니 21이 되었습니다. 바르게 계산한 값을 구하세요.

풀이

답 ____________

6-2 유사 문제

5 어떤 수 몇십몇에서 34를 빼야 할 것을 잘못하여 더했더니 88이 되었습니다. 바르게 계산한 값을 구하세요.

풀이

답 ____________

6-3 유사 문제

6 규영이는 어떤 수 몇십몇에 23을 더해야 할 것을 잘못하여 뺐더니 33이 되었고, 흥민이는 어떤 수 몇십몇에서 11을 빼야 할 것을 잘못하여 더했더니 94가 되었습니다. 바르게 계산한 값이 더 작은 사람의 이름을 쓰세요.

풀이

답 ____________

본책 53쪽의 유사 문제
• 정답과 해설 27쪽

7-1 유사 문제

1 어느 약국에서 어제와 오늘 감기약을 사 간 사람 수는 다음과 같습니다. 어제는 오늘보다 감기약을 사간 사람이 몇 명 더 많은지 구하세요.

어제		오늘	
남자	여자	남자	여자
11명	23명	12명	10명

풀이

답

문해력 레벨 2

2 어느 자동차 판매점에서 9월과 10월에 자동차 가, 나, 다가 팔린 수는 다음과 같습니다. 9월과 10월에 가장 많이 팔린 차는 가장 적게 팔린 차보다 몇 대 더 많이 팔렸는지 구하세요.

자동차 가		자동차 나		자동차 다	
9월	10월	9월	10월	9월	10월
13대	26대	2대	11대	40대	5대

풀이

답

8-1 유사 문제

3 길이가 서로 다른 색 막대 3개를 겹치지 않게 붙여 놓았습니다. 초록색 막대의 길이를 구하세요.

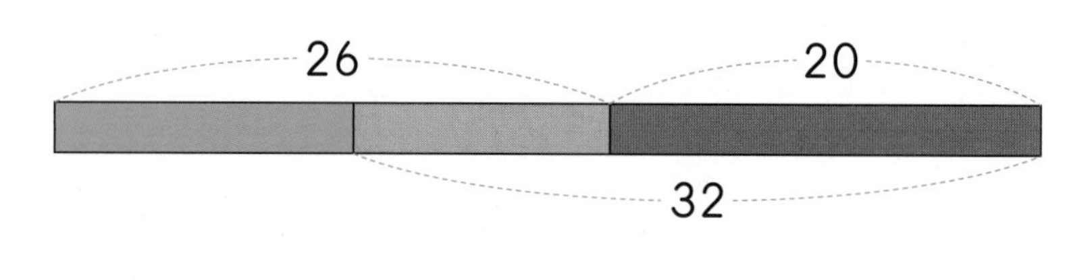

풀이

답 ________________

8-2 유사 문제

4 길이가 서로 다른 색 막대 4개를 길이가 같게 2개씩 겹치지 않게 붙여 놓았습니다. 보라색 막대의 길이를 구하세요.

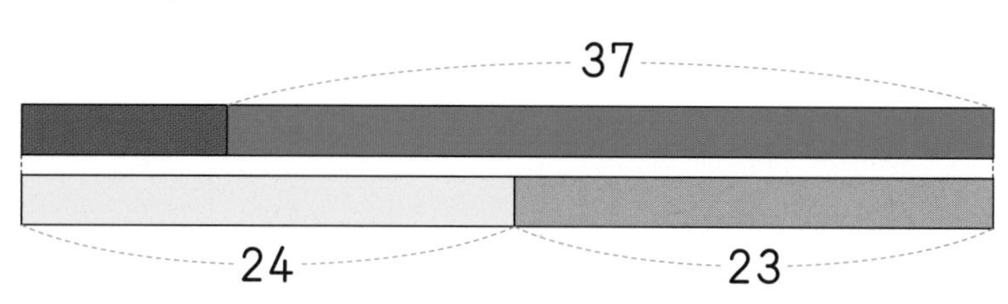

풀이

답 ________________

8-3 유사 문제

5 길이가 서로 다른 색 막대 3개를 겹치지 않게 붙여 놓았습니다. 가장 긴 색 막대와 두 번째로 긴 색 막대의 길이의 차를 구하세요.

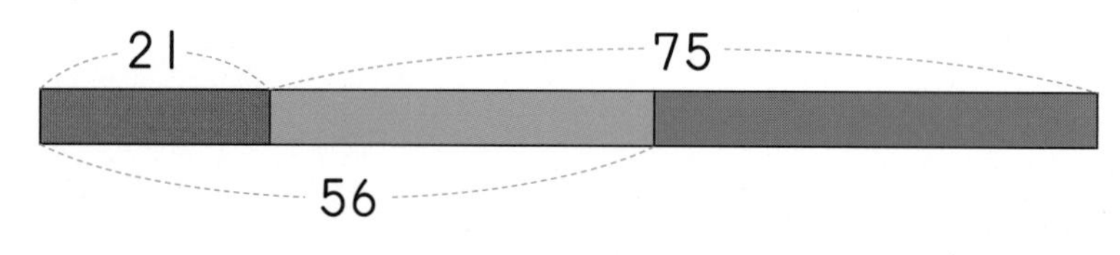

풀이

답 ________________

본책 56쪽의 유사 문제
• 정답과 해설 27쪽

기출1 유사 문제

1 어느 학교 1학년 1반 남학생은 14명, 2반 남학생은 11명입니다. 두 반 학생 수의 합은 49명이고, 1반 학생이 2반 학생보다 1명 더 많습니다. 2반 여학생은 몇 명인가요?

풀이

답 ____________

기출 변형

2 어느 지역의 독서 모임에서 가와 나 책 중 한 가지를 골라서 읽기로 했습니다. 가 책을 고른 여자 회원은 23명이고, 나 책을 고른 여자 회원은 20명입니다. 독서 모임 회원은 모두 85명이고, 가 책을 고른 회원이 나 책을 고른 회원보다 3명 더 적습니다. 나 책을 고른 남자 회원은 몇 명인가요?

출처: © Syda Productions/shutterstock

풀이

답 ____________

기출 2 유사 문제

3 ㉠, ㉡, ㉢, ㉣은 1부터 5까지의 숫자 중 서로 다른 숫자입니다. ㉠㉡과 ㉢㉣이 각각 몇십몇을 나타낼 때 다음 식을 만족하는 뺄셈식을 모두 쓰세요.

(단, ㉠ > ㉢, ㉡ > ㉣입니다.)

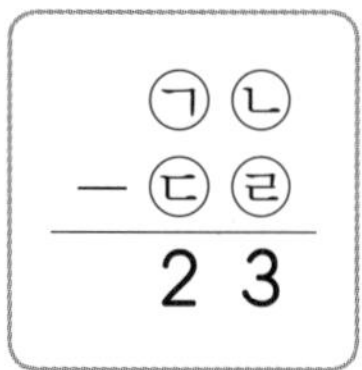

풀이

답

기출 변형

4 ㉠, ㉡, ㉢, ㉣은 0부터 6까지의 숫자 중 서로 다른 숫자입니다. ㉠㉡과 ㉢㉣이 각각 두 자리 수일 때 다음 식을 만족하는 뺄셈식을 쓰세요. (단, ㉠ > ㉢, ㉡ > ㉣입니다.)

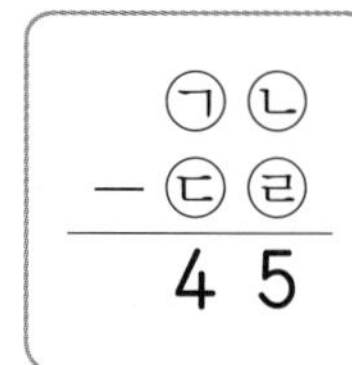

풀이

답

본책 71쪽의 유사 문제
• 정답과 해설 28쪽

1-1 유사 문제

1 어느 과일 가게에 사과 9개가 있었습니다. 여학생에게 4개, 남학생에게 2개를 팔았다면 과일 가게에 남은 사과는 몇 개인지 구하세요.

풀이

답 ____________

1-2 유사 문제

2 화단에 상추※모종 4개, 깻잎 모종 2개가 심어져 있었습니다. 부추 모종 3개를 더 심었다면 이 화단에 심은 모종은 모두 몇 개인지 구하세요.

풀이

문해력 어휘
모종: 옮겨 심기 위해 가꾼 씨앗의 싹

답 ____________

1-3 유사 문제

3 아버지가 볼펜 5자루와 연필 8자루를 사 왔습니다. 언니에게 볼펜 2자루와 연필 2자루를 주고 동생에게 볼펜 2자루와 연필 3자루를 주었습니다. 남은 볼펜과 연필은 각각 몇 자루인지 구하세요.

풀이

답 볼펜: ____________, 연필: ____________

2-1 유사 문제

4 ※얼음낚시 체험장에서 선영이는 아침에 ※송어 3마리와 ※빙어 7마리를 잡았습니다. 점심에 송어 1마리를 더 잡았다면 선영이가 잡은 물고기는 모두 몇 마리인가요?

풀이

문해력 백과

얼음낚시: 겨울에 강이나 저수지의 얼음을 깨고 하는 낚시질
송어: 등은 짙은 푸른색이고 배는 은백색인 연어과의 바닷물고기
빙어: 몸이 가늘고 길며 등은 옅은 흑색이고 배는 백색인 바닷물고기

답 ______________

2-2 유사 문제

5 냉동실에 딸기 맛 아이스크림 7개가 있었습니다. 포도 맛 아이스크림 4개와 초코 맛 아이스크림 6개를 더 넣었다면 냉동실에 있는 아이스크림은 모두 몇 개인가요?

풀이

답 ______________

2-3 유사 문제

6 가영이는 빨간색 색종이 4장, 파란색 색종이 6장, 노란색 색종이 2장을 가지고 있고 재준이는 주황색 색종이 4장, 초록색 색종이 5장, 보라색 색종이 5장을 가지고 있습니다. 가영이와 재준이 중 색종이를 더 많이 가지고 있는 사람은 누구인가요?

풀이

답 ______________

본책 75쪽의 유사 문제

• 정답과 해설 29쪽

3-1 유사 문제

1 연못 안에 개구리 10마리와 오리 2마리가 있었습니다. 그중 개구리 9마리가 연못 밖으로 나갔습니다. 개구리와 오리 중 연못 안에 더 많이 남아 있는 동물은 무엇인가요?

풀이

답 ______________

3-2 유사 문제

2 봉지에 호두 10개와 땅콩 3개가 들어 있었습니다. 그중 호두 8개를 먹었습니다. 호두와 땅콩 중 봉지에 더 적게 남아 있는 ※견과류는 무엇인가요?

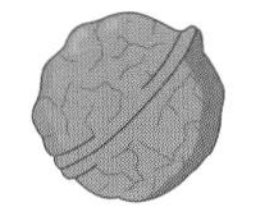

풀이

문해력 어휘

견과류: 단단한 껍데기 안에 씨가 들어 있는 나무 열매의 종류로 도토리, 호두, 밤 등이 있다.

답 ______________

3-3 유사 문제

3 수아는 복숭아 10개와 망고 10개를 가지고 있었습니다. 그중 친구에게 복숭아 1개와 망고 3개를 주었습니다. 복숭아와 망고 중 수아에게 더 많이 남아 있는 과일은 무엇인가요?

풀이

답 ______________

4-1 유사 문제

4 미술관 입구에 입장객 10명이 서 있었습니다. 입장객 몇 명이 미술관 안으로 들어갔더니 남은 입장객은 2명이었습니다. 미술관 안으로 들어간 입장객은 몇 명인가요?

풀이

답 ______________

4-2 유사 문제

5 지희는 유리 공방에서※모빌을 만들기 위해 달 모양 조각 1개와 별 모양 조각 9개를 만들었습니다. 실수로 조각 몇 개를 깨뜨렸더니 남은 조각이 7개였습니다. 지희가 깨뜨린 조각은 몇 개인가요?

풀이

문해력 어휘
모빌: 여러 가지 모양이 실로 매달려 움직이는 조각이나 공예품

답 ______________

4-3 유사 문제

6 다은이는 쿠키 8개를, 서진이는 쿠키 10개를 가지고 있었습니다. 서진이가 다은이에게 쿠키 몇 개를 주었더니 남은 쿠키가 9개였습니다. 다은이가 지금 가지고 있는 쿠키는 몇 개인가요?

풀이

답 ______________

5-2 유사 문제

1 두유가 9병씩 들어 있는 상자 2개가 있습니다. 상자에서 두유 10병을 꺼내면 상자에 남아 있는 두유는 몇 병인가요?

풀이

답

5-3 유사 문제

2 동욱이가 마트에서 검은색 양말과 흰색 양말을 사 왔습니다. ※수납장에 양말 9개를 넣었더니 7개가 남았습니다. 검은색 양말이 10개라면 흰색 양말은 몇 개인가요?

풀이

문해력 어휘
수납장: 물건을 넣어 두는 장

답

문해력 레벨 3

3 어느 분식점에서 쿠폰 10장을 모으면 떡볶이 1인분이 무료입니다. 지유가 모은 쿠폰 5장과 연주가 모은 쿠폰 6장을 합쳐서 떡볶이 1인분을 무료로 먹었습니다. 두 사람이 다시 떡볶이 1인분을 무료로 먹으려면 쿠폰을 몇 장 더 모아야 하는지 구하세요.

풀이

답

6-1 유사 문제

4 책꽂이에 동화책, 만화책, 위인전이 꽂혀 있습니다. 동화책이 4권, 만화책이 3권 꽂혀 있고 위인전은 동화책보다 8권 더 많이 꽂혀 있습니다. 책꽂이에 꽂혀 있는 위인전은 만화책보다 몇 권 더 많은가요?

풀이

답 ____________

6-2 유사 문제

5 도진, 서아, 윤서가 사용하지 않는 장난감을 유치원에 기부했습니다. 도진이는 장난감 17개를, 서아는 장난감 14개를 기부했고, 윤서는 서아보다 5개 더 적게 기부했습니다. 윤서가 기부한 장난감은 도진이가 기부한 장난감보다 몇 개 더 적은가요?

풀이

답 ____________

6-3 유사 문제

6 올해 아라의 나이는 8살입니다. 언니는 아라보다 4살 더 많고, 동생은 언니보다 7살 더 적습니다. 아라는 동생보다 몇 살 더 많은가요?

풀이

답 ____________

본책 83쪽의 유사 문제
• 정답과 해설 30쪽

7-1 유사 문제

1 1부터 9까지의 수 중에서 □ 안에 들어갈 수 있는 가장 큰 수를 구하세요.

$\square+2+9<16$

풀이

답 ____________

7-2 유사 문제

2 1부터 9까지의 수 중에서 □ 안에 들어갈 수 있는 가장 작은 수를 구하세요.

$\square+1+5>13$

풀이

답 ____________

7-3 유사 문제

3 1부터 9까지의 수 중에서 □ 안에 공통으로 들어갈 수 있는 수를 구하세요.

㉠ $12-\square<10$
㉡ $14-3-\square>7$

풀이

답 ____________

8-2 유사 문제

4 세호는 가지고 있는 사탕의 반을 동생에게 주고 남은 사탕을 친구 2명에게 3개씩 나누어 주었더니 2개가 남았습니다. 세호가 처음 가지고 있던 사탕은 몇 개인가요?

그림 그리기

풀이

답 ______________

문해력 레벨 2

5 예은이는 접시에 있는 딸기 5개를 먹고 남은 딸기의 반을 지아에게 주고 다시 남은 딸기의 반을 민희에게 주었더니 3개가 남았습니다. 처음 접시에 있던 딸기는 몇 개인가요?

그림 그리기

풀이

답 ______________

본책 86쪽의 유사 문제
• 정답과 해설 30쪽

기출 1 유사 문제

1 |보기|에서 규칙을 찾아 □ 안에 알맞은 수를 구하세요.

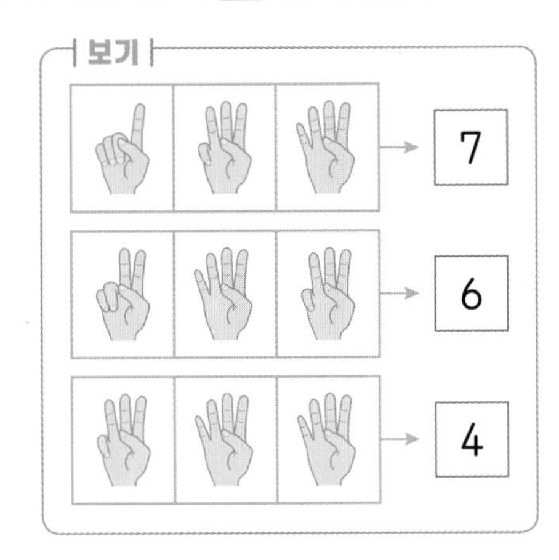

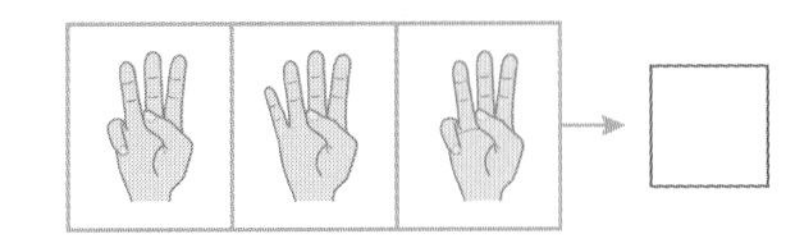

풀이

답 ____________

기출 변형

2 |보기|에서 규칙을 찾아 □ 안에 알맞은 수를 구하세요.

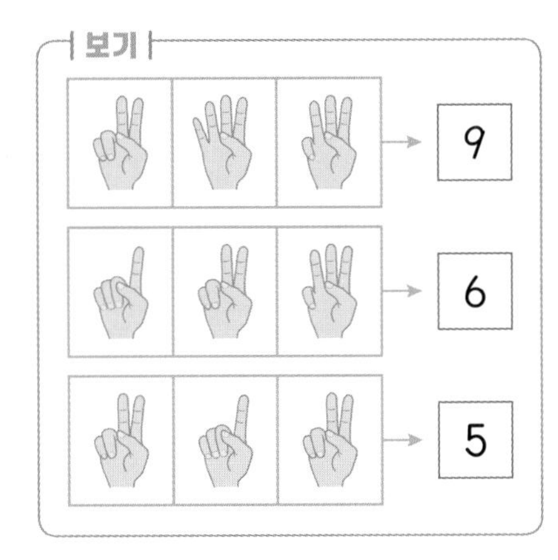

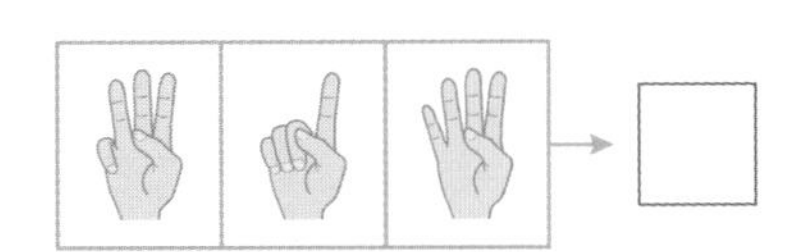

풀이

답 ____________

기출 2 유사 문제

3 |보기|와 같이 막대의 양쪽 줄에 매달린 수의 크기가 같아야 한쪽으로 기울지 않습니다. 주어진 막대가 모두 한쪽으로 기울지 않았을 때 ㉠+㉡을 구하세요. (단, 막대와 줄의 무게는 생각하지 않습니다.)

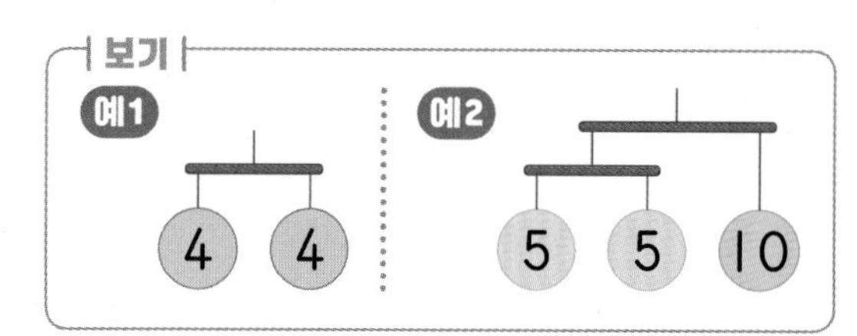

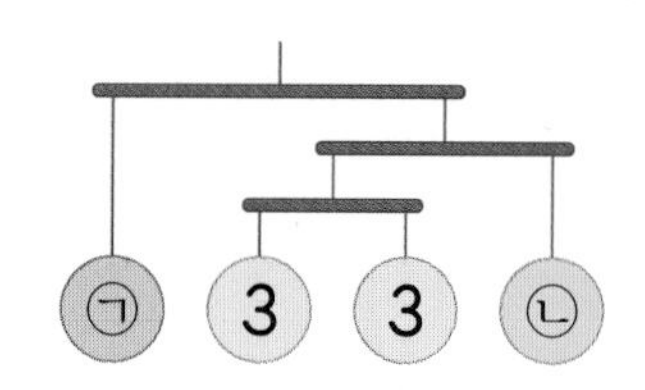

풀이

답 ______________

기출 변형

4 |보기|와 같이 막대의 양쪽 줄에 매달린 수의 크기가 같아야 한쪽으로 기울지 않습니다. 주어진 막대가 모두 한쪽으로 기울지 않았을 때 ㉠−㉡을 구하세요. (단, 막대와 줄의 무게는 생각하지 않습니다.)

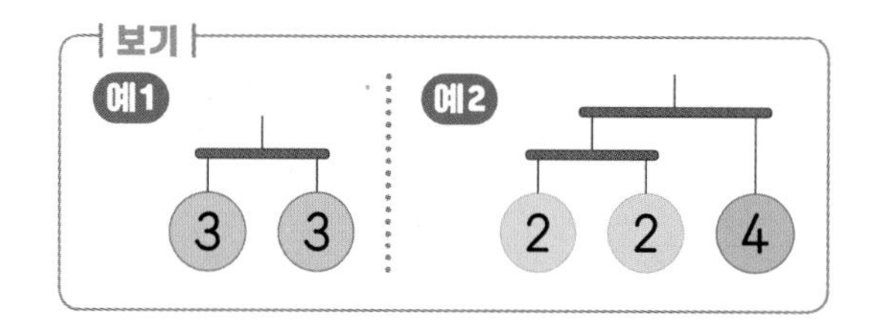

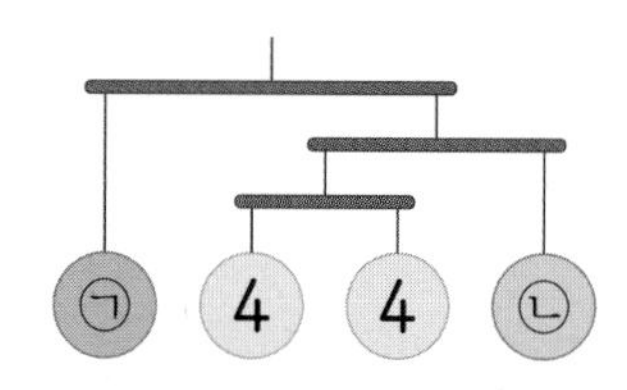

풀이

답 ______________

1-1 유사 문제

1 겨울이는 시계의 짧은바늘이 7, 긴바늘이 12를 가리킬 때, 정원이는 시계의 짧은바늘이 6과 7 사이, 긴바늘이 6을 가리킬 때 저녁을 먹기 시작하였습니다. 겨울이와 정원이 중 저녁을 더 빨리 먹기 시작한 사람은 누구인가요?

풀이

답 ____________

1-2 유사 문제

2 소희는 시계의 짧은바늘이 9와 10 사이, 긴바늘이 6을 가리킬 때, 우식이는 시계의 짧은바늘이 10, 긴바늘이 12를 가리킬 때 숙제를 끝냈습니다. 소희와 우식이 중 숙제를 더 늦게 끝낸 사람은 누구인가요?

풀이

답 ____________

1-3 유사 문제

3 재덕이가 토요일에 할 일과 시각을 나타낸 것입니다. 재덕이가 가장 나중에 할 일의 기호를 쓰세요.

㉠ 
방 청소하기

㉡ 
점심 먹기

㉢ 
운동하기

풀이

답 ____________

본책 103쪽의 유사 문제

2-1 유사 문제

4 짧은바늘이 4, 긴바늘이 12를 가리키는 시계가 있습니다. 이 시계의 긴바늘이 한 바퀴 돌았을 때 시계가 가리키는 시각을 구하세요.

풀이

답 ______________

2-2 유사 문제

5 짧은바늘이 1과 2 사이, 긴바늘이 6을 가리키는 시계가 있습니다. 이 시계의 긴바늘이 반 바퀴 돌았을 때 시계가 가리키는 시각을 구하세요.

풀이

답 ______________

2-3 유사 문제

6 희연이는 시계의 짧은바늘이 7, 긴바늘이 12를 가리킬 때 등산을 시작하여 시계의 긴바늘이 한 바퀴 반을 돌았을 때 산※정상에 도착했습니다. 희연이가 산 정상에 도착했을 때 시계가 가리키는 시각을 구하세요.

풀이

문해력 어휘

정상: 산의 맨 꼭대기

답 ______________

본책 105쪽의 유사 문제
• 정답과 해설 31쪽

3-1 유사 문제

1 민율이가 목욕을 끝내고 거울에 비친 시계를 보았더니 오른쪽과 같았습니다. 민율이가 본 시계의 시각을 구하세요.

풀이

답 ____________

3-2 유사 문제

2 나래가 집에 들어와 벽시계를 보았더니 벽시계를 잘못 걸어 오른쪽과 같이 보였습니다. 나래가 본 시계의 시각을 구하세요.

풀이

답 ____________

3-3 유사 문제

3 오른쪽은 거울에 비친 시계입니다. 거울에 비친 시계가 나타내는 시각에서 시계의 긴바늘이 반 바퀴 돌았을 때 이 시계가 가리키는 시각을 구하세요.

풀이

답 ____________

4-1 유사 문제

4 다음 설명을 모두 만족하는 시각을 구하세요.

- 시계의 긴바늘이 12를 가리킵니다.
- 5시와 9시 사이의 시각입니다.
- 7시보다 늦은 시각입니다.

풀이

답

4-2 유사 문제

5 다음 설명을 모두 만족하는 시각을 구하세요.

- 시계의 긴바늘이 가장 큰 숫자를 가리킵니다.
- 2시와 6시 사이의 시각입니다.
- 4시보다 늦은 시각입니다.

풀이

답

본책 109쪽의 유사 문제
• 정답과 해설 31쪽

5-1 유사 문제

1 규칙에 따라 수를 늘어놓은 것입니다. 8번째에 오는 수를 구하세요.

34 40 46 52 58 ⋯

풀이

답 ____________

5-2 유사 문제

2 규칙에 따라 수를 늘어놓은 것입니다. 9번째에 오는 수를 구하세요.

40 38 36 34 32 ⋯

풀이

답 ____________

5-3 유사 문제

3 규칙에 따라 수를 늘어놓은 것입니다. 7번째에 오는 수를 구하세요.

1 2 5 10 17 ⋯

풀이

답 ____________

6-1 유사 문제

4 영화관의 좌석표 일부를 나타낸 것입니다. 좌석마다 규칙에 따라 번호가 붙어 있을 때 E열 넷째 좌석의 번호는 몇 번인가요?

	첫째	둘째	셋째	넷째	다섯째
A열	1	2	3	4	5
B열	9	10			
C열	17	18			
D열	25	26			
E열					

풀이

답 ____________

6-2 유사 문제

5 ※독서실의 좌석표 일부를 나타낸 것입니다. 좌석마다 규칙에 따라 번호가 붙어 있을 때 색칠된 좌석의 번호는 몇 번인가요?

24	25	26	27
		22	23
		18	19
(색칠됨)			

풀이

문해력 백과

독서실: 책을 읽거나 공부를 하기 위해 만들어진 공간

답 ____________

본책 113쪽의 유사 문제
• 정답과 해설 32쪽

7-1 유사 문제

1 규칙에 따라 수박과 멜론을 늘어놓은 것입니다. 다음에 놓아야 할 과일은 무엇인가요?

풀이

답 ______________

7-2 유사 문제

2 은비가 규칙에 따라 검은색 큐빅과 보라색 큐빅을 붙여 무늬를 만드는※보석 십자수를 하고 있습니다. ㉠에 붙여야 할 큐빅은 무슨 색인가요?

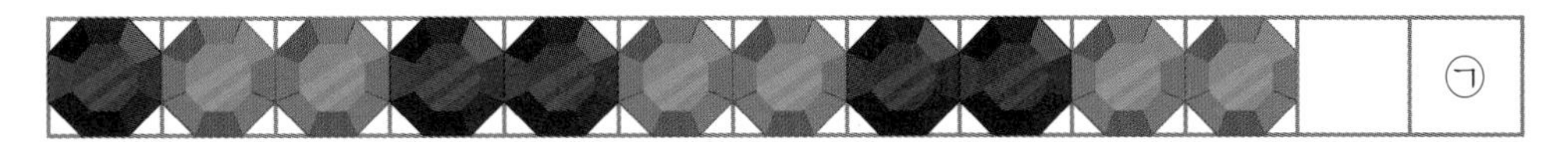

풀이

문해력 백과
보석 십자수: 큐빅을 붙여 하나의 그림이나 모양을 만드는 것

답 ______________

7-3 유사 문제

3 규칙에 따라 가위, 바위, 보를 나타낸 것입니다. ㉠과 ㉡에 들어갈 손 모양의 접힌 손가락은 모두 몇 개인가요?

										㉠		㉡

풀이

답 ______________

본책 115쪽의 유사 문제

8-1 유사 문제

4 규칙에 따라 검은색 바둑돌과 흰색 바둑돌을 늘어놓았습니다. 10번째에 놓인 바둑돌은 무슨 색인가요?

●○●○●○●○ …

풀이

답 ______________

8-2 유사 문제

5 규칙에 따라 흰색 바둑돌과 검은색 바둑돌을 늘어놓았습니다. 바둑돌 12개를 늘어놓았을 때 검은색 바둑돌은 모두 몇 개인가요?

○●●○●●○●● …

풀이

답 ______________

8-3 유사 문제

6 규칙에 따라 검은색 바둑돌과 흰색 바둑돌을 늘어놓았습니다. 바둑돌 15개를 늘어놓았을 때 검은색 바둑돌은 흰색 바둑돌보다 몇 개 더 많은가요?

●●○●●●○●●●○● …

풀이

답 ______________

본책 116쪽의 유사 문제
• 정답과 해설 32쪽

기출1 유사 문제

1 |보기|에서 규칙을 찾아 1부터 9까지의 수 중에서 빈 곳에 들어갈 수를 구하세요.

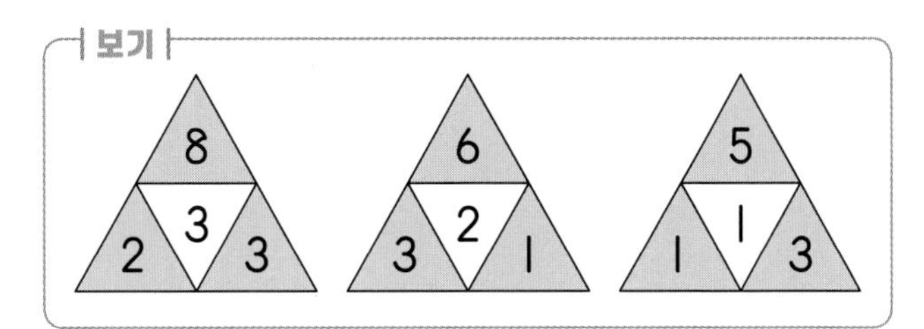

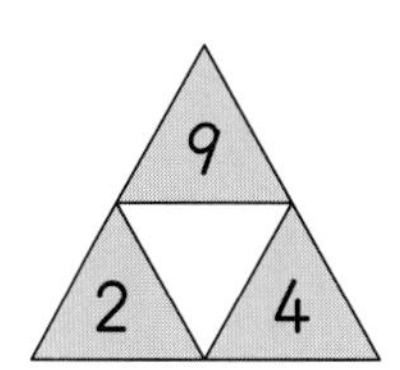

풀이

답 ____________

기출 변형

2 |보기|에서 규칙을 찾아 1부터 9까지의 수 중에서 빈 곳에 들어갈 수를 구하세요.

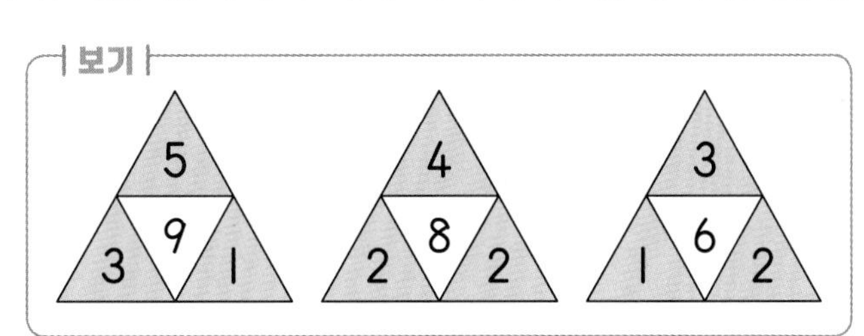

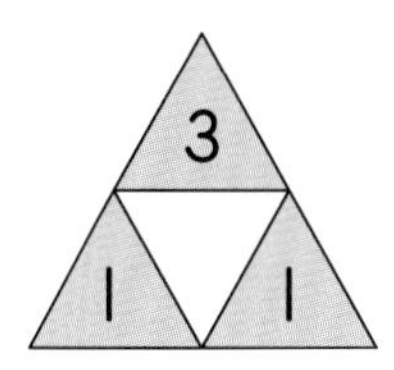

풀이

답 ____________

기출 2 유사 문제

3 규칙에 따라 여러 가지 모양을 늘어놓은 것입니다. 모양을 25번째까지 늘어놓았을 때 늘어놓은 ● 모양은 ▲ 모양보다 몇 개 더 많은지 구하세요.

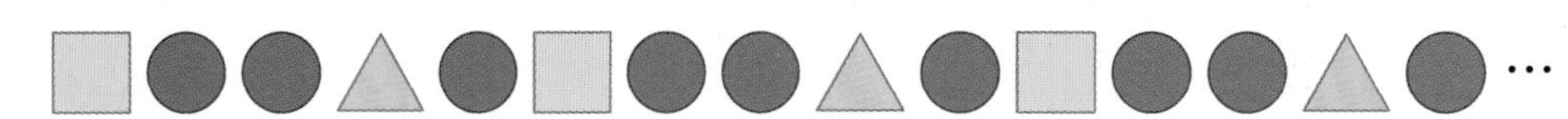

❶ 모양을 늘어놓은 규칙 구하기

❷ 위 ❶에서 구한 규칙을 이용하여 늘어놓을 때 각각의 모양의 개수 구하기

❸ 25번째까지 늘어놓은 ● 모양은 ▲ 모양보다 몇 개 더 많은지 구하기

답 ______

뭘 좋아할지 몰라 다 준비했어♥
전과목 교재

1-B 문장제 수학편

천재교육

정답과 해설
포인트 3가지

- ▶ 혼자서도 이해할 수 있는 친절한 문제 풀이
- ▶ 문제 해결에 꼭 필요한 핵심 전략 제시
- ▶ 참고, 주의, 다르게 풀기 등 자세한 풀이 제시

진도책 정답과 해설

1주 100까지의 수

1주 준비학습 6~7쪽

1 80 » 80개　　2 63 » 63개
3 77 » 77번　　4 87 » 87장
5 83에 ○표 » 은채
6 74에 △표 » 검은색 바둑돌
7 34 » 지유

1 10개씩 묶음 8개는 80이다.

2 10개씩 묶음 6개와 낱개 3개는 63이다.

3 76과 78 사이의 수는 77이다.

4 86보다 1만큼 더 큰 수는 87이므로 지혜가 모은 우표는 87장이다.

5 $65<83$이므로 은채가 줄넘기를 더 많이 했다.

6 $74<76$이므로 검은색 바둑돌이 더 적게 담겨 있다.

7 34는 둘씩 짝을 지을 수 있는 수이므로 짝수이고, 37은 둘씩 짝을 지을 수 없는 수이므로 홀수이다.

참고
짝수: 2, 4, 6, 8, 0으로 끝나는 수
홀수: 1, 3, 5, 7, 9로 끝나는 수

1주 준비학습 8~9쪽

1 70송이　　2 75개
3 69번째　　4 88명
5 노란색 솜사탕　　6 튤립
7 민주

1 10개씩 묶음 7개는 70이다.

2 10개씩 묶음 7개와 낱개 5개는 75이다.

3 68과 70 사이에 있는 수는 69이다.

4 89보다 1만큼 더 작은 수는 88이므로 여학생은 88명이다.

5 $56<61$이므로 노란색 솜사탕이 더 많이 있다.

6 $84>82$이므로 더 적게 심은 꽃은 튤립이다.

7 46은 둘씩 짝을 지을 수 있는 수이므로 짝수이고, 41은 둘씩 짝을 지을 수 없는 수이므로 홀수이다.

1주 1일 10~11쪽

문해력 문제 1
전략 10
풀기 ❶ 7, 5　❷ 5, 7
답 7상자
1-1 6봉지　　1-2 9개
1-3 7벌

1-1 전략
오징어 64마리를 10마리씩 묶음의 수와 낱개의 수로 나타내고 10마리씩 묶음의 수로 팔 수 있는 오징어 봉지의 수를 구한다.

❶ 오징어 64마리는 10마리씩 묶음 6개와 낱개 4마리이다.
❷ 오징어는 몇 봉지까지 팔 수 있는지 구하기
낱개 4마리는 봉지에 담아 팔 수 없으므로 오징어를 6봉지까지 팔 수 있다.

1-2 ❶ 감자 89개는 10개씩 묶음 8개와 낱개 9개이다.
❷ 튀김을 할 감자는 바구니에 담고 남은 9개이다.

주의
한 바구니에 10개가 되지 않는 감자는 팔 수 없으므로 10개씩 담고 남은 감자의 수를 구한다.

1-3 ❶ 낱개 36개는 10개씩 묶음 3개와 낱개 6개이다.
❷ 단추는 모두 10개씩 묶음 $4+3=7$(개)와 낱개 6개이다.
❸ 강아지 옷을 몇 벌까지 만들 수 있는지 구하기
강아지 옷 한 벌을 만드는 데 단추가 10개 필요하므로 강아지 옷을 7벌까지 만들 수 있다.

정답과 해설

1주 1일 12 ~ 13쪽

문해력 문제 2

풀기 ❶ 7, 7 ❷ 3

답 3개

2-1 4개　　2-2 12권

2-3 4개

2-1 전략

마우스의 개수를 10개씩 묶음의 수와 낱개의 수로 나타내고 낱개의 수를 이용하여 더 필요한 마우스의 개수를 구한다.

❶ 마우스 76개는 10개씩 묶음 7개와 낱개 6개이므로 상자 7개를 채우고 6개가 남는다.

❷ 상자 8개를 모두 채우려면 마우스는 4개 더 있어야 한다.

참고

76개

10개씩 묶음의 수 낱개의 수

→ 낱개의 수 6에 얼마가 더 있어야 10이 되는지 생각한다.

2-2 ❶ 동화책 68권은 10권씩 묶음 6개와 낱권 8권이므로 책꽂이 6칸을 채우고 8권이 남는다.

❷ 동화책이 2권 더 있으면 책꽂이 7칸을 채울 수 있으므로 책꽂이 8칸을 모두 채우려면 동화책은 12권 더 있어야 한다.

주의

낱개의 수만 생각하여 2권만 더 있으면 된다고 답하지 않도록 주의한다.

2-3 ❶ 낱개 26개는 10개씩 묶음 2개와 낱개 6개이다. 은호가 산 메추리알은 10개씩 묶음 $7+2=9$(개)와 낱개 6개이므로 모두 96개이다.

❷ 96－97－98－99－100이므로 96보다 4만큼 더 큰 수가 100이다.

따라서 메추리알 4개를 더 사야 100개가 된다.

참고

96보다 4만큼 더 큰 수는 100이다.

1주 2일 14 ~ 15쪽

문해력 문제 3

전략 작은에 ○표

풀기 ❶ 58, 55 / 55 ❷ 현주

답 현주

3-1 민호　　3-2 서준

3-3 지아, 세주, 윤정

3-1 전략

❶ 수의 크기 비교하기

❷ 위 ❶에서 가장 큰 수를 찾아 결승점에 가장 나중에 들어온 사람은 누구인지 쓰기

❶ $75<77<86$이므로 가장 큰 수는 86이다.

❷ 결승점에 가장 나중에 들어온 사람은 민호이다.

3-2 전략

❶ 10장씩 묶음 6개와 낱장 25장을 수로 나타내기

❷ 수의 크기를 비교하여 색종이를 가장 많이 가지고 있는 사람은 누구인지 쓰기

❶ 영우가 가지고 있는 색종이는 모두 몇 장인지 구하기

10장씩 묶음 6개와 낱장 25장은 85장이다.

❷ 색종이를 가장 많이 가지고 있는 사람은 누구인지 쓰기

$89>86>85$이므로 색종이를 가장 많이 가지고 있는 사람은 서준이다.

참고

낱장 25장은 10장씩 묶음 2개와 낱장 5장이다.

10장씩 묶음 6개와 낱장 25장은

10장씩 묶음 $6+2=8$(개)와 낱장 5장이므로 모두 85장이다.

3-3 ❶ 윤정이가 돌린 훌라후프의 수 쓰기

여든네 번이므로 84번이다.

❷ 세주가 돌린 훌라후프의 수 구하기

79보다 1만큼 더 큰 수이므로 80번이다.

❸ 훌라후프를 적게 돌린 사람부터 차례로 이름 쓰기

$78<80<84$이므로 훌라후프를 적게 돌린 사람부터 차례로 이름을 쓰면 지아, 세주, 윤정이다.

1주 2일 16 ~ 17쪽

문해력 문제 4

전략 작은 / 앞에 ○표

풀기 ❶ 64 ❷ 64, 63

답 63

4-1 57 4-2 86

4-3 76살

4-1 전략
❶ 어떤 수 구하기
❷ 어떤 수보다 1만큼 더 작은 수 구하기

❶ 어떤 수보다 1만큼 더 큰 수가 59이므로 어떤 수는 59보다 1만큼 더 작은 수인 58이다.
❷ 58보다 1만큼 더 작은 수는 57이다.

참고
어떤 수 —1만큼 더 큰 수→ 59
어떤 수 ←1만큼 더 작은 수— 59

4-2 ❶ 어떤 수 구하기
어떤 수보다 1만큼 더 작은 수가 84이므로 어떤 수는 84보다 1만큼 더 큰 수인 85이다.
❷ 어떤 수보다 1만큼 더 큰 수 구하기
85보다 1만큼 더 큰 수는 86이다.

참고
수를 차례로 쓸 때
1만큼 더 큰 수 = 바로 뒤의 수
1만큼 더 작은 수 = 바로 앞의 수

4-3 ❶ 지윤이네 할아버지의 나이 구하기
지윤이네 할아버지의 나이보다 1살 더 많은 나이가 80살이므로 지윤이네 할아버지의 나이는 80살보다 1살 더 적은 79살이다.
❷ 지윤이네 할아버지의 나이보다 3살 더 적은 나이 구하기
79살보다 3살 더 적은 나이는
79−78−77−76에서 76살이다.

주의
지윤이네 할아버지의 나이보다 1살 더 많은 나이가 80살인데 지윤이네 할아버지의 나이가 80살보다 1살 더 많은 81살이라고 생각하지 않도록 주의한다.

1주 2일 18 ~ 19쪽

문해력 문제 5

전략 가장 큰 수에 ○표 / 두 번째로 큰 수에 ○표

풀기 ❶ 5, 3, 2 ❷ 5 / 85

답 85

5-1 76 5-2 24

5-3 93

5-1 전략
수 카드의 수의 크기를 비교하여 가장 큰 수를 10개씩 묶음의 수로, 두 번째로 큰 수를 낱개의 수로 놓아 가장 큰 수를 만든다.

❶ 수 카드의 수의 크기를 비교하면
7>6>5>1이다.
❷ 10개씩 묶음의 수는 7이고, 낱개의 수는 6인 수를 만든다.
→ 만들 수 있는 가장 큰 수: 76

5-2 ❶ 수 카드의 수의 크기를 비교하면
2<4<5<7이다.
❷ 10개씩 묶음의 수는 2이고, 낱개의 수는 4인 수를 만든다.
→ 만들 수 있는 가장 작은 수: 24

5-3 ❶ 수 카드의 수의 크기 비교하기
수 카드의 수의 크기를 비교하면
9>6>3>2이다.
❷ 가장 큰 몇십몇 만들기
10개씩 묶음의 수는 9이고, 낱개의 수는 6인 수를 만든다.
→ 만들 수 있는 가장 큰 수: 96
❸ 만들 수 있는 두 번째로 큰 몇십몇 구하기
6 다음으로 큰 수는 3이므로 10개씩 묶음의 수는 9이고, 낱개의 수는 3인 수를 만든다.
→ 만들 수 있는 두 번째로 큰 수: 93

참고
■>▲>●>★일 때 ┌ 가장 큰 수: ■▲
└ 두 번째로 큰 수: ■●

1주 3일 20 ~ 21쪽

문해력 문제 6

풀기 ❶ < ❷ 4 / 1, 2, 3

답 1, 2, 3

6-1 6, 7, 8, 9 **6-2** 7

6-3 7, 8, 9

6-1 ❶ 10개씩 묶음의 수를 □라 하면 □3 > 53이다.

❷ □가 될 수 있는 수 구하기

낱개의 수가 같으므로 10개씩 묶음의 수를 비교하면 □는 5보다 커야 한다.

➔ □가 될 수 있는 수: 6, 7, 8, 9

6-2 ❶ ■가 될 수 있는 수의 조건 구하기

86 > ■9에서 낱개의 수를 비교하면 6 < 9이므로 ■는 8보다 작아야 한다.

❷ ■가 될 수 있는 가장 큰 수 구하기

■가 될 수 있는 수는 1, 2, 3, 4, 5, 6, 7이므로 ■가 될 수 있는 가장 큰 수는 7이다.

6-3 전략

두 조건에서 □ 안에 알맞은 수를 각각 구한 후 □ 안에 공통으로 들어갈 수 있는 수를 구한다.

❶ 첫 번째 조건에서 □ 안에 알맞은 수 구하기

10개씩 묶음의 수가 같으므로 낱개의 수를 비교하면 6 < □이다.

➔ □ 안에 들어갈 수 있는 수: 7, 8, 9

❷ 두 번째 조건에서 □ 안에 알맞은 수 구하기

□8 > 57에서 10개씩 묶음의 수를 비교하면 □ > 5이고 낱개의 수를 비교하면 8 > 7이므로 □ 안에 5도 들어갈 수 있다.

➔ □ 안에 들어갈 수 있는 수: 5, 6, 7, 8, 9

❸ □ 안에 공통으로 들어갈 수 있는 수 구하기

□ 안에 공통으로 들어갈 수 있는 수: 7, 8, 9

주의

□8 > 57에서 10개씩 묶음의 수만 비교하여 □ > 5이므로 5가 포함되지 않는다고 생각하지 않도록 주의한다. 반드시 낱개의 수도 비교하도록 한다.

1주 4일 22 ~ 23쪽

문해력 문제 7

전략 크고에 ○표 / 작은에 ○표

풀기 ❶ 58, 59, 61 ❷ 59, 61 / 3

답 3개

7-1 4개 **7-2** 6개

7-3 5개

7-1 ❶ 85번과 93번 사이에 있는 도미노의 번호는 86번, 87번, 88번, 89번, 90번, 91번, 92번이다.

❷ 위 ❶에서 구한 번호 중에서 짝수는 86번, 88번, 90번, 92번이므로 짝수가 적힌 도미노는 모두 4개이다.

주의

85와 93 사이에 있는 수에 85와 93은 포함되지 않는다.

85, 86, 87, 88, 89, 90, 91, 92, 93

85와 93 사이에 있는 수

7-2 ❶ 74번과 86번 사이에 있는 선물의 번호는 75번, 76번, 77번, 78번, 79번, 80번, 81번, 82번, 83번, 84번, 85번이다.

❷ 위 ❶에서 구한 번호 중에서 홀수는 75번, 77번, 79번, 81번, 83번, 85번이므로 홀수가 적힌 선물은 모두 6개이다.

7-3 ❶ 10개씩 묶음이 6개이고 낱개가 16개인 수 구하기

10개씩 묶음이 6개이고, 낱개가 16개인 수는 76이다.

❷ 위 ❶에서 구한 수와 87 사이에 있는 수 구하기

76과 87 사이에 있는 수는 77, 78, 79, 80, 81, 82, 83, 84, 85, 86이다.

❸ 위 ❷에서 구한 수 중에서 짝수의 개수 구하기

위 ❷에서 구한 수 중에서 짝수는 78, 80, 82, 84, 86으로 모두 5개이다.

참고

10개씩 묶음이 6개, 낱개가 16개인 수

➔ 10개씩 묶음이 6개, 10개씩 묶음이 1개, 낱개가 6개인 수

➔ 10개씩 묶음이 6+1=7(개), 낱개가 6개인 수

➔ 76

1주 4일 24 ~ 25쪽

문해력 문제 8

전략 63

풀기 ❶ 60, 61, 62 ❷ 56, 57, 58, 59 / 4

답 4개

8-1 5개 8-2 68

8-3 2개

8-1 ❶ 첫 번째 조건을 만족하는 수 구하기

76보다 크고 85보다 작은 수는 77, 78, 79, 80, 81, 82, 83, 84이다.

❷ 위 ❶에서 구한 수 중에서 두 번째 조건을 만족하는 수 구하기

위 ❶에서 구한 수 중에서 10개씩 묶음의 수가 낱개의 수보다 큰 수는 80, 81, 82, 83, 84이다.

➔ 설명을 모두 만족하는 수는 5개이다.

8-2 ❶ 서준이가 설명하는 수 구하기

64보다 크고 72보다 작은 수는 65, 66, 67, 68, 69, 70, 71이다.

❷ 위 ❶에서 구한 수 중에서 은우가 설명하는 수 구하기

위 ❶에서 구한 수 중에서 10개씩 묶음의 수가 낱개의 수보다 작은 수는 67, 68, 69이다.

❸ 위 ❷에서 구한 수 중에서 민재가 설명하는 수 구하기

위 ❷에서 구한 수 중에서 짝수는 68이므로 설명을 모두 만족하는 수는 68이다.

8-3 ❶ 10개씩 묶음의 수가 될 수 있는 수 구하기

10개씩 묶음의 수가 6보다 크고 9보다 작으므로 10개씩 묶음의 수는 7, 8이다.

❷ 위 ❶에서 구한 수 중에서 10개씩 묶음의 수와 낱개의 수의 합이 10보다 작은 수 구하기

10개씩 묶음의 수가 7, 8인 수 중에서 10개씩 묶음의 수와 낱개의 수의 합이 10보다 작은 수는 70, 71, 72, 80, 81이다.

❸ 위 ❷에서 구한 수 중에서 홀수를 찾아 설명을 모두 만족하는 수의 개수 구하기

위 ❷에서 구한 수 중에서 홀수는 71, 81로 2개이다.

1주 5일 26 ~ 27쪽

기출 1

❶ 73 ❷ 73, 83 ❸ 83, 84

❹ ㉠보다 10만큼 더 큰 수가 84(㉡)이므로 ㉠은 74이다.

답 74

기출 2

❶ 4, 3 ❷ 45, 53, 54, 55

❸ 홀수는 35, 33, 43, 45, 53, 55이므로 모두 6개이다.

답 6개

기출 1

도착한 수 72에서 거꾸로 생각하여 ㉣, ㉢, ㉡, ㉠ 순서로 구한다.

기출 2

앞면이 4인 카드의 뒷면은 4이고 카드를 2장을 골라 한 번씩만 사용해야 하므로 44는 만들 수 없다.

주의

수 카드를 사용할 때 한 면의 수를 사용한 경우에 다른 면의 수는 사용할 수 없음에 주의한다.

1주 5일 28 ~ 29쪽

창의 3

❶ 40, 50 / 3, 4, 5 ❷ 92 / 50, 5 / 89

답 ㉠ 92, ㉡ 89

융합 4

❶ 6 ❷ 54, 55, 56 / 61, 62, 63, 64 / 7

답 7개

융합 4

주의

주사위의 눈은 1부터 6까지의 수이므로 몇십몇에서 7, 8, 9, 0은 사용할 수 없다.

1주 주말 TEST 30 ~ 33쪽

1 7상자	**2** 4개
3 지수	**4** 79
5 5개	**6** 은채
7 15	**8** 7개
9 6, 7, 8, 9	**10** 59

1 ❶ 포도 72송이는 10송이씩 묶음 7개와 낱개 2송이이다.
❷ 낱개 2송이는 상자에 담아 팔 수 없으므로 포도를 7상자까지 팔 수 있다.

2 ❶ 옥수수의 수를 10개씩 묶음의 수와 낱개의 수로 나타내기
옥수수 66개는 10개씩 묶음 6개와 낱개 6개이므로 상자 6개를 채우고 6개가 남는다.
❷ 더 필요한 옥수수의 수 구하기
상자 7개를 모두 채우려면 옥수수는 4개 더 있어야 한다.

3 ❶ 84<88<92이므로 가장 작은 수는 84이다.
❷ 가장 먼저 비행기에 탄 사람은 지수이다.

> 주의
> 가장 먼저 비행기에 탄 사람이므로 가장 작은 수를 찾아야 한다.

4 ❶ 어떤 수 구하기
어떤 수보다 1만큼 더 큰 수가 81이므로 어떤 수는 81보다 1만큼 더 작은 수인 80이다.
❷ 어떤 수보다 1만큼 더 작은 수 구하기
80보다 1만큼 더 작은 수는 79이다.

5

> 전략
> 87번과 98번 사이의 수를 차례로 쓰고 그중에서 홀수인 번호를 쓴다.

❶ 87번과 98번 사이에 있는 경품의 번호는 88번, 89번, 90번, 91번, 92번, 93번, 94번, 95번, 96번, 97번이다.
❷ 위 ❶에서 구한 번호 중에서 홀수는 89번, 91번, 93번, 95번, 97번이므로 홀수가 적힌 경품은 모두 5개이다.

6

> 전략
> 은채가 가지고 있는 붙임딱지는 몇 장인지 구한 후 수의 크기를 비교하여 붙임딱지를 가장 많이 가지고 있는 사람은 누구인지 구한다.

❶ 은채가 가지고 있는 붙임딱지는 10장씩 묶음 7개와 낱장 22장이므로 92장이다.
❷ 92>91>89이므로 붙임딱지를 가장 많이 가지고 있는 사람은 은채이다.

7 ❶ 수 카드의 수의 크기를 비교하면 1<5<6<9이다.
❷ 가장 작은 몇십몇 만들기
10개씩 묶음의 수는 1이고, 낱개의 수는 5인 수를 만든다.
➔ 만들 수 있는 가장 작은 수: 15

8 ❶ 첫 번째 조건을 만족하는 수 구하기
85보다 크고 95보다 작은 수는 86, 87, 88, 89, 90, 91, 92, 93, 94이다.
❷ 위 ❶에서 구한 수 중에서 두 번째 조건을 만족하는 수 구하기
위 ❶에서 구한 수 중에서 10개씩 묶음의 수가 낱개의 수보다 큰 수는 86, 87, 90, 91, 92, 93, 94이다.
➔ 설명을 모두 만족하는 수는 7개이다.

9 ❶ 10개씩 묶음의 수를 □라 하면 □4>63이다.
❷ 낱개의 수를 비교하면 4>3이고 10개씩 묶음의 수를 비교하면 □>6이므로 □ 안에는 6이나 6보다 큰 수가 들어갈 수 있다.
➔ □ 안에 들어갈 수 있는 수: 6, 7, 8, 9

10 ❶ 현서가 설명하는 수 구하기
57보다 크고 64보다 작은 수는 58, 59, 60, 61, 62, 63이다.
❷ 위 ❶에서 구한 수 중에서 지안이가 설명하는 수 구하기
위 ❶에서 구한 수 중에서 10개씩 묶음의 수가 낱개의 수보다 작은 수는 58, 59이다.
❸ 위 ❷에서 구한 수 중에서 유찬이가 설명하는 수 구하기
위 ❷에서 구한 수 중에서 홀수는 59이므로 설명을 모두 만족하는 수는 59이다.

2주 덧셈과 뺄셈(1)

2주 준비 학습 36 ~ 37쪽

1 27 » 27 / 27

2

	5	0
+	1	0
	6	0

» 50+10=60 / 60대

3

	3	6
+	1	2
	4	8

» 36+12=48 / 48개

4 45 » 45 / 45

5

	8	0
−	3	0
	5	0

» 80−30=50 / 50

6

	6	9
−	2	6
	4	3

» 69−26=43 / 43개

7

	7	8
−	3	4
	4	4

» 78−34=44 / 44자루

2주 준비 학습 38 ~ 39쪽

1 32+5=37 / 37마리
2 60+30=90 / 90개
3 73+16=89 / 89살
4 57−4=53 / 53개
5 40−20=20 / 20개
6 46−15=31 / 31명
7 85−23=62 / 62번

1 (어항에 있는 물고기 수)
=(어항에 있던 물고기 수)+(더 넣은 물고기 수)
=32+5=37(마리)

2 (탁구공의 수)=(탁구채의 수)+30
=60+30=90(개)

3 (할아버지의 나이)+(누나의 나이)
=73+16=89(살)

4 (남은 귤 수)=(전체 귤 수)−(먹은 귤 수)
=57−4=53(개)

5 (남은 계단 수)
=(전체 계단 수)−(올라간 계단 수)
=40−20=20(개)

6 (더 탈 수 있는 사람 수)
=(탈 수 있는 사람 수)−(타고 있는 사람 수)
=46−15=31(명)

7 (오늘 한 줄넘기 수)=(어제 한 줄넘기 수)−23
=85−23=62(번)

2주 1일 40 ~ 41쪽

문해력 문제 1

전략 더한다에 ○표

풀기 ❶ 35 ❷ 35, 39

답 39권

1-1 48개 1-2 21개

1-3 42명

1-1 전략
10개씩 묶음 ■개와 낱개 ▲개는 수로 나타내면 ■▲임을 이용하여 구한다.

❶ 10개씩 묶음 4개와 낱개 3개는 43개이다.
❷ (목걸이를 만드는 데 필요한 구슬의 수)
=43+5=48(개)

1-2 ❶ 10개씩 묶음 2개와 낱개 8개는 28개이다.
❷ (지금 남아 있는 꼬마김밥의 수)
=28−7=21(개)

1-3 ❶ 운동장에 있는 학생 수 구하기
10명씩 8줄과 2명은 82명이다.
❷ (운동장에 있는 학생 수)−(남학생 수)
(여학생 수)=82−40=42(명)

정답과 해설

2주 1일 42 ~ 43쪽

문해력 문제 2

전략 2 / +

풀기 ❶ 2, 15 ❷ 15, 28

답 28켤레

2-1 80마리 **2-2** 44개

2-3 38쪽

2-1 전략
'더 많습니다.', '모두 몇 마리인가요?'라고 할 때는 덧셈식을 만들어 구한다.

❶ (염소의 수)$=30+20=50$(마리)

❷ (목장에 있는 사슴과 염소의 수)
$=30+50=80$(마리)

2-2 전략
'더 적게'라고 할 때는 뺄셈식을 만들어 구한다.

❶ (서준이가 딴 귤의 수)$=24-4=20$(개)

❷ (은우와 서준이가 딴 귤의 수)
$=24+20=44$(개)

2-3 전략
어제 읽은 쪽수, 오늘 읽은 쪽수, 남은 쪽수를 합하여 전체 동화책 쪽수를 구한다.

❶ (어제 읽은 동화책 쪽수)-3
(오늘 읽은 동화책 쪽수)
$=15-3=12$(쪽)

❷ (어제 읽은 동화책 쪽수)$+$(오늘 읽은 동화책 쪽수)
(어제와 오늘 읽은 동화책 쪽수)
$=15+12=27$(쪽)

❸ (어제와 오늘 읽은 동화책 쪽수)$+$(남은 동화책 쪽수)
(시원이가 읽고 있는 동화책 쪽수)
$=27+11=38$(쪽)

참고

어제 읽은 쪽수	오늘 읽은 쪽수	남은 쪽수
15쪽	(15−3)쪽	11쪽

↑
전체 동화책 쪽수

2주 2일 44 ~ 45쪽

문해력 문제 3

전략 가장에 ○표 / 두 번째로에 ○표

풀기 ❶ 5, 8 ❷ 85, 14 ❸ 85, 14, 99

답 99

3-1 87 **3-2** 82

3-3 66

전략
수 카드로 가장 큰(작은) 몇십몇을 만들 때에는 가장 큰(작은) 수를 10개씩 묶음의 수에, 두번째로 큰(작은) 수를 낱개의 수에 쓴다.

3-1 ❶ 수 카드의 수의 크기를 비교하면 $2<3<4<6$이다.

❷ 가장 큰 몇십몇은 64이고, 가장 작은 몇십몇은 23이다.

❸ $64+23=87$

3-2 ❶ 수 카드의 수의 크기를 비교하면 $1<3<5<9$이다.

❷ 가장 큰 몇십몇은 95이고, 가장 작은 몇십몇은 13이다.

❸ $95-13=82$

3-3 전략
차가 가장 크려면 가장 큰 두 자리 수에서 가장 작은 두 자리 수를 빼야 한다.

❶ 수 카드의 수의 크기를 비교하면
$0<1<4<6<7$이다.

❷ 가장 큰 두 자리 수는 76이고, 가장 작은 두 자리 수는 10이다.

❸ 계산 결과가 가장 클 때의 값 구하기
$76-10=66$

주의
가장 작은 두 자리 수를 만들 때 가장 작은 수 0을 10개씩 묶음의 수로 써서 '01'이라고 하지 않도록 주의한다. 10개씩 묶음의 수에 '0'은 올 수 없다.
예 $0<1<4<6<7$일 때 가장 작은 두 자리 수: 10
두 번째로 작은 수
가장 작은 수

2주 2일 46 ~ 47 쪽

문해력 문제 4

전략 남은 / +

풀이 ❶ 12 / 16 ❷ 12, 16, 28

답 28개

4-1 59장 **4-2** 20개

4-1 전략

문제에 주어진 조건을 그림으로 나타낸 후 덧셈식을 이용하여 처음에 가지고 있던 색종이 수를 구한다.

❶ 처음에 가지고 있던 색종이 / 사용한 색종이 25장 / 남은 색종이 34장

❷ (처음에 가지고 있던 색종이 수)
$=25+34=59$(장)

4-2 ❶ 일회용 컵 / 비닐봉지 17개 / 희선이가 주운 쓰레기 37개

❷ (희선이가 주운 일회용 컵 수)
$=37-17=20$(개)

주의

문제에 주어진 조건을 그림으로 나타낸 후 구하려는 것이 덧셈식을 이용해야 하는지 뺄셈식을 이용해야 하는지 잘 구분하도록 한다.

2주 3일 48 ~ 49 쪽

문해력 문제 5

전략 더하고에 ○표 / 뺀다에 ○표

풀이 ❶ +, 77 ❷ 77, −, 71

답 71송이

5-1 41개 **5-2** 72명

5-3 16개

5-1 전략

딸기맛과 포도맛 사탕 수의 합에서 친구들과 함께 나누어 먹은 사탕 수만큼 뺀다.

❶ (주호가 가지고 있는 사탕 수)
$=30+26=56$(개)

❷ (친구들과 함께 나누어 먹고 남은 사탕 수)
$=56-15=41$(개)

5-2 전략

순서에 맞게 회전목마를 타러 간 사람 수만큼 빼고 새로 와서 줄을 선 사람 수만큼 더해서 지금 줄을 서 있는 사람 수를 구한다.

❶ (회전목마를 타러 가고 남은 사람 수)
$=98-56=42$(명)

❷ (지금 회전목마를 타기 위해 줄을 서 있는 사람 수)
$=42+30=72$(명)

참고

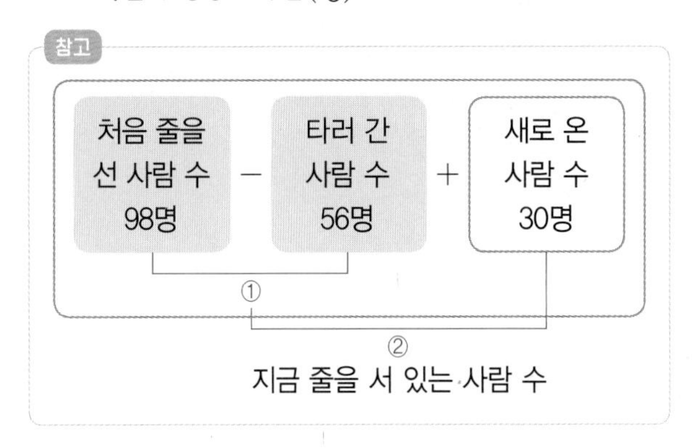

5-3 ❶ (전체 찐빵 수)−(기태가 먹은 찐빵 수)
(기태가 먹고 남은 찐빵 수)$=29-2=27$(개)

❷ (나머지 가족이 먹은 찐빵 수)
=(기태가 먹은 찐빵 수)+9
나머지 가족은 찐빵을 $2+9=11$(개) 먹었다.

❸ (기태와 나머지 가족이 먹고 남은 찐빵 수)
=(기태가 먹고 남은 찐빵 수)
−(나머지 가족이 먹은 찐빵 수)
(남은 찐빵 수)$=27-11=16$(개)

다르게 풀기

전체 찐빵 수에서 기태와 나머지 가족이 먹은 찐빵 수의 합을 뺀다.

❶ (나머지 가족이 먹은 찐빵 수)$=2+9=11$(개)

❷ (기태와 나머지 가족이 먹은 찐빵 수)
$=2+11=13$(개)

❸ (남은 찐빵 수)$=29-13=16$(개)

2주 3일 50 ~ 51쪽

문해력 문제 6

전략 $+$

풀기 ❶ 31 ❷ 4, 5 / 45 ❸ 45, 59

답 59

6-1 58　　6-2 30

6-3 형수

6-1 ❶ 어떤 수를 ■▲라 하여 잘못 계산한 식을 쓰면

$$\begin{array}{r} ■▲ \\ -\ 2\ 3 \\ \hline 1\ 2 \end{array}$$

❷ ■$-2=1$이므로 ■$=3$,
▲$-3=2$이므로 ▲$=5$
→ ■▲$=35$

❸ 바르게 계산하면 $35+23=58$이다.

주의
어떤 수에 23을 더해야 할 것을 잘못하여 뺐으므로 바르게 계산한 값은 어떤 수에 23을 더해야 한다.

6-2 ❶ 어떤 수를 ■▲라 하여 잘못 계산한 식을 쓰면

$$\begin{array}{r} ■▲ \\ +\ 1\ 3 \\ \hline 5\ 6 \end{array}$$

❷ ■$+1=5$이므로 ■$=4$,
▲$+3=6$이므로 ▲$=3$
→ ■▲$=43$

❸ 바르게 계산하면 $43-13=30$이다.

6-3 ❶ 경진이가 바르게 계산한 값 구하기
어떤 수를 ■▲라 하여 잘못 계산한 식을 쓰면

$$\begin{array}{r} ■▲ \\ +\ \ \ 2 \\ \hline 7\ 9 \end{array}$$

→ ■▲$=77$이고,
바르게 계산하면 $77-2=75$이다.

❷ 형수가 바르게 계산한 값 구하기
어떤 수를 ■▲라 하여 잘못 계산한 식을 쓰면

$$\begin{array}{r} ■▲ \\ -\ \ \ 4 \\ \hline 7\ 0 \end{array}$$

→ ■▲$=74$이고,
바르게 계산하면 $74+4=78$이다.

❸ $75<78$이므로 바르게 계산한 값이 더 큰 사람은 형수이다.

2주 4일 52 ~ 53쪽

문해력 문제 7

전략 $-$

풀기 ❶ 23, 67 ❷ 22, 54 ❸ 54, 13

답 13명

7-1 10명　　7-2 가, 14명

7-1 ❶ (어제 독감 예방 주사를 맞은 어른 수)
$+$(어제 독감 예방 주사를 맞은 아이 수)
(어제 독감 예방 주사를 맞은 사람 수)
$=40+20=60$(명)

❷ (오늘 독감 예방 주사를 맞은 어른 수)
$+$(오늘 독감 예방 주사를 맞은 아이 수)
(오늘 독감 예방 주사를 맞은 사람 수)
$=20+50=70$(명)

❸ 오늘은 어제보다 독감 예방 주사를 맞은 사람이 $70-60=10$(명) 더 많다.

7-2 ❶ (가 음료수를 선택한 남자 수)
$+$(가 음료수를 선택한 여자 수)
(가 음료수를 선택한 사람 수)
$=54+32=86$(명)

❷ (나 음료수를 선택한 남자 수)
$+$(나 음료수를 선택한 여자 수)
(나 음료수를 선택한 사람 수)
$=10+62=72$(명)

❸ $86>72$이므로 가 음료수를 선택한 사람이 $86-72=14$(명) 더 많다.

참고

가 음료수를 선택한 사람		나 음료수를 선택한 사람	
남자	여자	남자	여자
54명	32명	10명	62명

수의 합을 비교하여
큰 수에서 작은 수를 뺀다.

2주 4일 54 ~ 55 쪽

문해력 문제 8

전략 + / −

풀기 ❶ 10, 28 ❷ 28, 15

답 15

8-1 24 8-2 18 8-3 34

8-1 전략
서로 다른 색 막대 3개의 길이를 더해 전체 길이를 구하고, 다시 전체에서 보라색과 파란색 막대의 길이를 빼서 주황색 막대의 길이를 구한다.

❶ (주황색과 보라색 막대의 길이)+(파란색 막대의 길이)
(전체 색 막대의 길이)=32+13=45
❷ (전체 색 막대의 길이)−(보라색과 파란색 막대의 길이)
(주황색 막대의 길이)=45−21=24

8-2 전략
두 막대의 길이가 같다는 것을 이용하여 노란색 막대의 길이를 구한다.
➔ (초록색 막대의 길이)+(빨간색 막대의 길이)
=(보라색 막대의 길이)+(노란색 막대의 길이)

❶ (초록색 막대의 길이)+(빨간색 막대의 길이)
(전체 색 막대의 길이)=41+7=48
❷ (전체 색 막대의 길이)−(보라색 막대의 길이)
(노란색 막대의 길이)=48−30=18

8-3 ❶ 전체 색 막대의 길이를 이용하여 초록색 막대의 길이 구하기
(전체 색 막대의 길이)=33+56=89
(초록색 막대의 길이)=89−44=45
❷ (파란색과 주황색 막대의 길이)−(파란색 막대의 길이)
(주황색 막대의 길이)=44−33=11
❸ (가장 긴 색 막대의 길이)−(가장 짧은 색 막대의 길이)
11<33<45이므로 가장 긴 색 막대와 가장 짧은 색 막대의 길이의 차는 45−11=34이다.

다르게 풀기
❶ (주황색 막대의 길이)=44−33=11
❷ (초록색 막대의 길이)=56−11=45
❸ 11<33<45이므로 가장 긴 색 막대와 가장 짧은 색 막대의 길이의 차는 45−11=34이다.

2주 5일 56 ~ 57 쪽

기출 1
❶ (왼쪽부터) 35, 36, 37
❷ 32, 36
❸ 36, 15, 21
답 21명

기출 2
❶ 3, 2
❷ 2, 3
❸ 3, 1 / 5, 3 / 41, 25
답 53−41=12, 25−13=12

기출 1 ❷ (2반 학생 수)−(1반 학생 수)
=36−32=4(명)

2주 5일 58 ~ 59 쪽

창의 3
❶ 48, 10
❷ 3
❸ 예 10개씩 묶음의 수 3을 2로 바꾸면 22+16=38이다.
답 22+16=38

융합 4
❶ 1
❷ 1, 26 / 13
❸ 14 / 13+14=27(또는 14+13=27)이다.
답 13+14=27(또는 14+13=27)

융합 4

참고
연속하는 수 나타내기

■−1 ←앞의 수— ■ —뒤의 수→ ■+1

예 14 ←앞의 수 (15−1)— 15 —뒤의 수 (15+1)→ 16

2주 주말 TEST 60 ~ 63쪽

1 54병	2 67개
3 53개	4 61
5 12명	6 50분
7 39권	8 65
9 22	10 나, 23명

1 ❶ 전체 포도 주스의 수 구하기
10병씩 묶음 5개와 낱개 6병은 56병이다.
❷ (전체 포도 주스의 수)−(마신 포도 주스의 수)
(남은 포도 주스의 수)=56−2=54(병)

2 ❶ (밭에서 딴 고추의 수)+3개
(밭에서 딴 옥수수의 수)
=32+3=35(개)
❷ (밭에서 딴 고추의 수)+(밭에서 딴 옥수수의 수)
(혜경이가 밭에서 딴 고추와 옥수수의 수)
=32+35=67(개)

3 ❶ (흰 우유 수)+(바나나 우유 수)
(냉장고에 있는 우유 수)
=37+21=58(개)
❷ (냉장고에 있는 우유 수)−(버린 우유 수)
(남은 우유 수)=58−5=53(개)

4 ❶ 수 카드의 수의 크기를 비교하면 $2<4<5<8$이다.
❷ 가장 큰 몇십몇은 85이고, 가장 작은 몇십몇은 24이다.
❸ 85−24=61

5 전략
(하루에 치과 진료를 받은 사람 수)
=(어른 수)+(아이 수)임을 이용하여 구한다.

❶ (어제 치과 진료를 받은 사람 수)
=35+61=96(명)
❷ (오늘 치과 진료를 받은 사람 수)
=50+34=84(명)
❸ 어제는 오늘보다 치과 진료를 받은 사람이
96−84=12(명) 더 많았다.

6 전략
먼저 민재가 오카리나를 연습한 시간을 구한 후에 소윤이와 민재의 오카리나 연습 시간의 합을 구한다.

❶ (소윤이가 오카리나를 연습한 시간)−10분
(민재가 오카리나를 연습한 시간)
=30−10=20(분)
❷ (소윤이와 민재가 오카리나를 연습한 시간)
=30+20=50(분)

7 ❶ 선생님께서 처음에 가지고 계셨던 공책
나누어 준 공책 24권 | 남은 공책 15권
❷ (선생님께서 처음에 가지고 계셨던 공책 수)
=24+15=39(권)

참고
위 ❶과 같이 주어진 조건을 그림으로 나타내면
(선생님께서 처음에 가지고 계셨던 공책 수)
=(나누어 준 공책 수)+(남은 공책 수)
임을 알 수 있다.

8 ❶ 잘못 계산한 식을 쓰기
어떤 수를 ■▲라 하여 잘못 계산한 식을 쓰면

```
  ■▲
− 2 1
─────
  2 3
```

❷ 어떤 수를 구하기
■−2=2이므로 ■=4,
▲−1=3이므로 ▲=4
➔ ■▲=44
❸ 바르게 계산하면 44+21=65이다.

9 ❶ (빨간색과 파란색 막대의 길이)+(주황색 막대의 길이)
(전체 색 막대의 길이)=25+11=36
❷ (전체색 막대의 길이)−(파란색과 주황색 막대의 길이)
(빨간색 막대의 길이)=36−14=22

10 ❶ (가에게 투표한 남학생 수)+(가에게 투표한 여학생 수)
(가에게 투표한 학생 수)=22+52=74(명)
❷ (나에게 투표한 남학생 수)+(나에게 투표한 여학생 수)
(나에게 투표한 학생 수)=66+31=97(명)
❸ $74<97$이므로 나에게 투표한 학생이
97−74=23(명) 더 많다.

3주 덧셈과 뺄셈(2) / 덧셈과 뺄셈(3)

3주 준비학습 66 ~ 67쪽

1 8 » 8 / 8
2 10 » 3+7=10 / 10개
3 6 » 10−4=6 / 6개
4 14 » 14 / 14
5 6 » 13−7=6 / 6
6 11 » 9+2=11 / 11개
7 9 » 15−6=9 / 9개

2 (종이비행기 수)+(종이학 수)
=3+7=10(개)

3 (전체 풍선 수)−(터진 풍선 수)
=10−4=6(개)

6 (떡꼬치 수)+(핫도그 수)
=9+2=11(개)

7 (전체 종이컵 수)−(사용한 종이컵 수)
=15−6=9(개)

3주 준비학습 68 ~ 69쪽

1 3+2+1=6 / 6개
2 2+8=10 / 10개
3 10−6=4 / 4마리
4 7+6=13 / 13대
5 17−9=8 / 8마리
6 9+9=18 / 18장
7 12−8=4 / 4개

1 (야구공 수)+(축구공 수)+(농구공 수)
=3+2+1=6(개)

2 (단팥빵 수)+(크림빵 수)
=2+8=10(개)

3 (처음에 있던 나비 수)−(날아간 나비 수)
=10−6=4(마리)

4 (처음에 있던 자동차의 수)
+(더 들어온 자동차의 수)
=7+6=13(대)

5 (처음에 있던 고등어의 수)−(판 고등어의 수)
=17−9=8(마리)

6 (남학생이 구매한 크리스마스 카드의 수)
+(여학생이 구매한 크리스마스 카드의 수)
=9+9=18(장)

7 (전체 키위 수)−(한 바구니에 담은 키위 수)
=12−8=4(개)

3주 1일 70 ~ 71쪽

문해력 문제 1
전략 −, −
풀기 2, 1, 7, 6
답 6개

1-1 1개
1-2 8마리
1-3 2개, 1개

1-1 전략
문제에 알맞은 세 수의 뺄셈식을 만든 후 앞에서부터 차례로 계산하여 쟁반에 남은 옥수수의 개수를 구한다.

(남은 옥수수의 수)=8−4−3=4−3=1(개)

1-2 (염소의 수)+(양의 수)+(토끼의 수)
(목장에 있는 동물 수)
=2+2+4=4+4=8(마리)

1-3 ❶ (남은 김치만두 수)
=6−1−3=5−3=2(개)

❷ (남은 고기만두 수)
=7−5−1=2−1=1(개)

주의
세 수의 뺄셈은 반드시 앞에서부터 차례로 계산해야 한다.

3주 1일 72 ~ 73쪽

문해력 문제 2

전략 +, +

풀기 (계산 순서대로) 5, 5, 10, 16, 16

답 16송이

2-1 13마리 **2-2** 18명

2-3 채소

2-1 (풀밭 위에 앉아 있는 곤충의 수)

$=6+4+3=13$(마리)

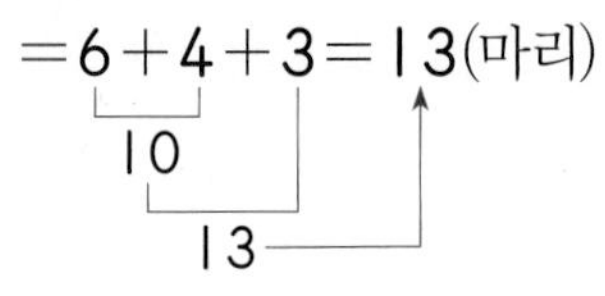

2-2 (놀이터에서 놀고 있는 어린이의 수)

$=8+3+7=18$(명)

10

18

2-3 ❶ (감자의 수)+(고구마의 수)+(단호박의 수)

(채소의 수)$=7+3+9=19$(개)

10

19

❷ (감의 수)+(귤의 수)+(사과의 수)

(과일의 수)$=5+8+2=15$(개)

10

15

❸ 채소와 과일의 수 비교하기

19개>15개이므로 바구니에 더 많이 있는 것은 채소이다.

3주 2일 74 ~ 75쪽

문해력 문제 3

전략 − / 큰에 ○표

풀기 ❶ 7, 3 ❷ 3 / 닭

답 닭

3-1 강아지 **3-2** 붕어빵

3-3 젤리

3-1 ❶ (남아 있는 강아지의 수)$=10-2=8$(마리)

❷ 8마리>5마리이므로 유기 동물 보호소에 더 많이 남아 있는 동물은 강아지이다.

3-2 ❶ (남아 있는 붕어빵의 수)$=10-3=7$(개)

❷ 7개<8개이므로 접시에 더 적게 남아 있는 빵은 붕어빵이다.

3-3 ❶ 경수에게 남아 있는 사탕의 수 구하기

(남아 있는 사탕의 수)$=10-6=4$(개)

❷ 경수에게 남아 있는 젤리의 수 구하기

(남아 있는 젤리의 수)$=10-4=6$(개)

❸ 경수에게 남아 있는 사탕과 젤리의 수 비교하기

4개<6개이므로 경수에게 더 많이 남아 있는 것은 젤리이다.

3주 2일 76 ~ 77쪽

문해력 문제 4

전략 −

풀기 ❶ 10 ❷ 6, 6, 6

답 6마리

4-1 7개 **4-2** 9권

4-3 7장

4-1 ❶ 친구에게 준 빵의 수를 □개라 하면 $10-□=3$이다.

❷ 10에서 빼서 3이 되는 수는 7이므로 □$=7$이다.

➡ 재희가 친구에게 준 빵은 7개이다.

4-2 ❶ (동화책의 수)+(위인전의 수)

(소정이가 가지고 있던 책의 수)

$=5+5=10$(권)

❷ 소정이가 기부한 책의 수를 구하는 식 만들기

소정이가 기부한 책의 수를 □권이라 하면 $10-□=1$이다.

❸ 소정이가 기부한 책의 수 구하기

10에서 빼서 1이 되는 수는 9이므로 □$=9$이다.

➡ 소정이가 도서관에 기부한 책은 9권이다.

4-3 ❶ 유정이가 수혁이에게 준 엽서의 수를 구하는 식 만들기

유정이가 수혁이에게 준 엽서의 수를 □장이라 하면 $10-□=8$이다.

❷ 유정이가 수혁이에게 준 엽서의 수 구하기

10에서 빼서 8이 되는 수는 2이므로 $□=2$이다.

➔ 유정이가 수혁이에게 준 엽서는 2장이다.

❸ (처음 수혁이가 가지고 있던 엽서의 수)
+(유정이가 준 엽서의 수)

수혁이가 지금 가지고 있는 엽서는 $5+2=7$(장)이다.

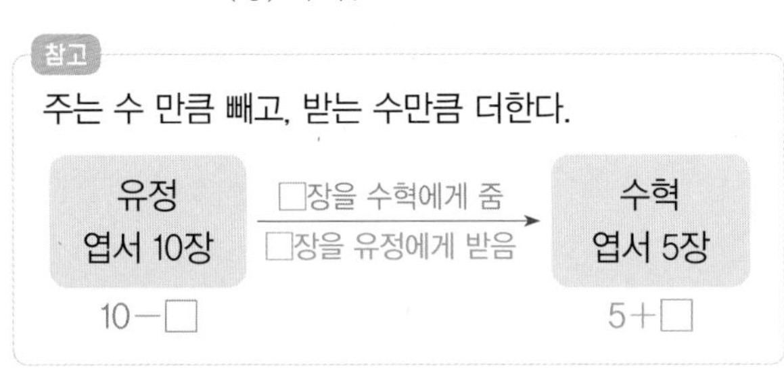
참고

주는 수 만큼 빼고, 받는 수만큼 더한다.

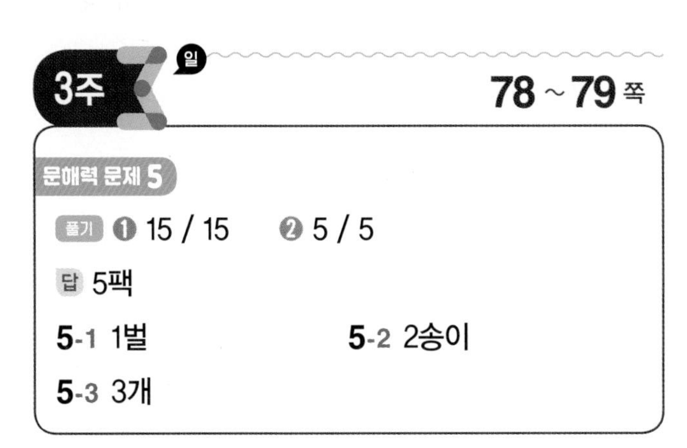
3주 일 78~79쪽

문해력 문제 5

풀기 ❶ 15 / 15 ❷ 5 / 5

답 5팩

5-1 1벌 **5-2** 2송이

5-3 3개

5-1 전략

코트와 패딩의 수를 모으기 하여 전체 외투의 수를 구한 후 전체 외투의 수를 10과 몇으로 가르기 하여 옷장에 걸고 남는 외투의 수를 구한다.

❶ 9 2 → 11 ➔ 전체 외투: 11벌

❷ 11 → 10 1 ➔ 옷장에 걸고 남는 외투: 1벌

5-2 ❶ 6 6 → 12 ➔ 전체 포도: 12송이

❷ 12 → 10 2 ➔ 상자에 남아 있는 포도: 2송이

5-3 ❶ 우산 꽂이에 꽂은 우산의 수와 남은 우산의 수 모으기

8 5 → 13 ➔ 전체 우산: 13개

❷ 13 → 10 3 ➔ 짧은 우산: 3개

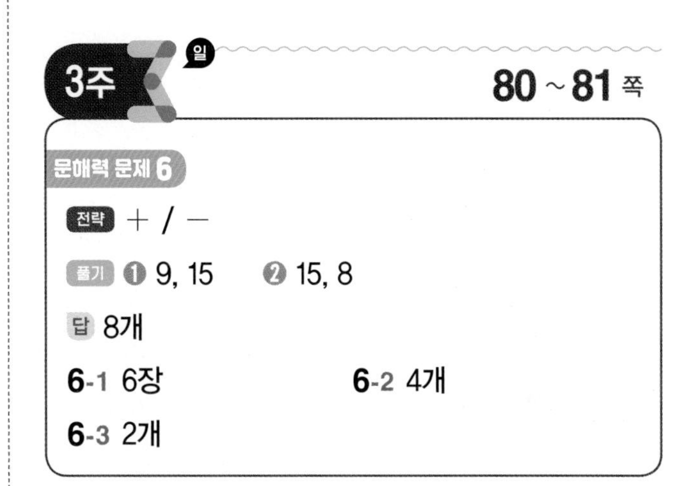
3주 일 80~81쪽

문해력 문제 6

전략 + / −

풀기 ❶ 9, 15 ❷ 15, 8

답 8개

6-1 6장 **6-2** 4개

6-3 2개

6-1 전략

❶ 문제에 알맞은 덧셈식을 만들어 풍경 사진이 몇 장인지 구한다.

❷ 뺄셈식을 이용하여 풍경 사진이 가족사진보다 몇 장 더 많은지 구한다.

❶ (풍경 사진의 수)$=7+4=11$(장)

❷ 풍경 사진은 가족사진보다 $11-5=6$(장) 더 많다.

6-2 ❶ (컵의 수)$=16-8=8$(개)

❷ 컵은 냄비보다 $12-8=4$(개) 더 적다.

6-3 ❶ (민우가 준 밤의 수)+5

(수연이가 준 밤의 수)$=8+5=13$(개)

❷ (수연이가 준 밤의 수)−7

(준호가 준 밤의 수)$=13-7=6$(개)

❸ 준호가 준 밤은 민우가 준 밤보다 몇 개 더 적은지 구하기

준호가 준 밤은 민우가 준 밤보다 $8-6=2$(개) 더 적다.

참고

문제를 읽고 알맞은 덧셈식 또는 뺄셈식을 세운다.
'더 많습니다.' ➔ 덧셈식
'더 적습니다.' ➔ 뺄셈식

3주 4일 82 ~ 83 쪽

문해력 문제 7

풀기 ❶ 8 ❷ 6 / 4, 5 ❸ 5

답 5

7-1 2 7-2 7

7-3 5

7-1 전략

주어진 식을 간단히 하여 □ 안에 들어갈 수 있는 수를 모두 구한 후 그 수 중 가장 큰 수를 구한다.

❶ 2+7+□<12 ➡ 9+□<12이고

❷ 9+3=12이므로 □ 안에는 3보다 작은 수인 1, 2가 들어갈 수 있다.

❸ □ 안에 들어갈 수 있는 가장 큰 수: 2

7-2 ❶ 3+1+□>10 ➡ 4+□>10이고

❷ 4+6=10이므로 □ 안에는 6보다 큰 수인 7, 8, 9가 들어갈 수 있다.

❸ □ 안에 들어갈 수 있는 가장 작은 수: 7

7-3 ❶ ㉠의 □ 안에 들어갈 수 있는 수 모두 구하기

11−□<7이고,

11−4=7이므로 □ 안에는 4보다 큰 수인 5, 6, 7, 8, 9가 들어갈 수 있다.

❷ ㉡의 □ 안에 들어갈 수 있는 수 모두 구하기

15−6−□>3 ➡ 9−□>3이고,

9−6=3이므로 □ 안에는 6보다 작은 수인 1, 2, 3, 4, 5가 들어갈 수 있다.

❸ □ 안에 공통으로 들어갈 수 있는 수: 5

3주 4일 84 ~ 85 쪽

문해력 문제 8

전략 4

풀기 ❶ 4 / 4, 8 ❷ 8, 16

답 16자루

8-1 12개 8-2 10개

8-1 그림 그리기

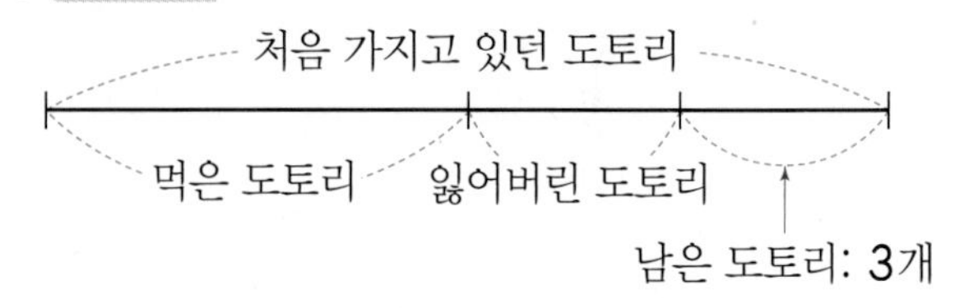

❶ (잃어버린 도토리 수)=3개

(먹은 도토리 수)=3+3=6(개)

❷ (먹은 도토리 수)+(잃어버린 도토리 수)+(남은 도토리 수)

(처음 가지고 있던 도토리 수)

=6+3+3=12(개)

8-2 그림 그리기

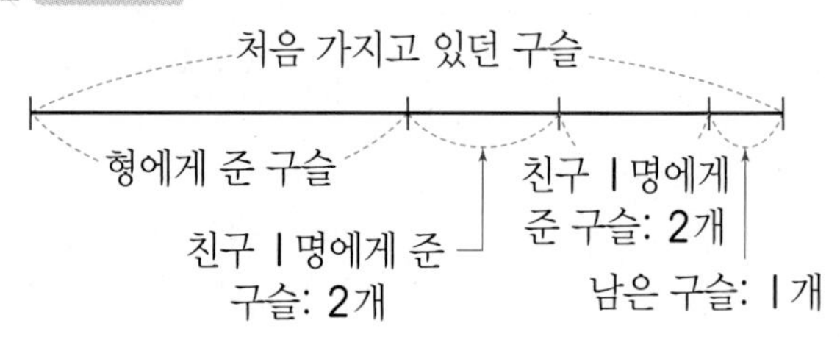

❶ (형에게 준 구슬 수)

=(친구 2명에게 준 구슬 수)+(남은 구슬 수)

(친구 2명에게 준 구슬 수)=2+2=4(개)

(형에게 준 구슬 수)=4+1=5(개)

❷ (형에게 준 구슬 수)+(친구 2명에게 준 구슬 수)+(남은 구슬 수)

(처음 가지고 있던 구슬 수)

=5+4+1=10(개)

3주 5일 86 ~ 87 쪽

기출 1

❶ 접힌에 ○표 / 더한에 ○표

❷ 2 / 2, 6

답 6

기출 2

❶ 합에 ○표 / 4

❷ 4, 8

❸ 예 ㉠+㉡=8+4=12

답 12

3주 5일 88 ~ 89쪽

창의 3

❶ 6, 6 / 2, 2

❷ 예 10−⟨4⟩−⟨8⟩=10−6−2=2

답 2

융합 4

❶ 4, 2, 6

❷ 6, 5, 11

❸ 예 11−6=5(마리)

답 5마리

3주 주말 TEST 90 ~ 93쪽

1 4장	2 15개
3 7도막	4 플라스틱 컵
5 5명	6 포도 주스
7 5개	8 8
9 6개	10 16개

1 (남은 입장권의 수)
=7−2−1=5−1=4(장)

2 (저금통에 들어 있는 동전 수)
=9+1+5=15(개)
10
15

3 ❶ 8 9 → 17 ➜ 전체 장작: 17도막

❷ 17 → 10 7 ➜ 불을 지피고 남는 장작: 7도막

4 ❶ (남아 있는 도자기 컵의 수)
=10−4=6(개)

❷ 6개<7개이므로 찻장에 더 많이 남아 있는 컵은 플라스틱 컵이다.

5 ❶ 이번 역에서 내린 승객의 수를 구하는 식 만들기
이번 역에서 내린 승객의 수를 □명이라 하면
10−□=5이다.

❷ 이번 역에서 내린 승객의 수 구하기
10에서 빼서 5가 되는 수는 5이므로
□=5이다.
➜ 이번 역에서 내린 승객은 5명이다.

6 ❶ (남아 있는 포도 주스의 수)
=10−8=2(병)

❷ 2병<3병이므로 냉장고에 더 적게 남아 있는 주스는 포도 주스이다.

7 ❶ (흰색 구슬 수)=4+8=12(개)

❷ 흰색 구슬은 노란색 구슬보다 12−7=5(개) 더 많다.

8 ❶ 4+2+□<15 ➜ 6+□=15이고

❷ 6+9=15이므로 □ 안에는 9보다 작은 수인 1, 2, 3, ..., 7, 8이 들어갈 수 있다.

❸ □ 안에 들어갈 수 있는 가장 큰 수: 8

9 ❶ (유선 이어폰의 수)+(무선 이어폰의 수)
(매장에 있던 이어폰의 수)
=7+3=10(개)

❷ (매장에 있던 이어폰의 수)−(판매한 이어폰의 수)
=(남은 이어폰의 수)
판매한 이어폰의 수를 □개라 하면
10−□=4이다.

❸ 오늘 판매한 이어폰의 수 구하기
10에서 빼서 4가 되는 수는 6이므로
□=6이다.
➜ 오늘 판매한 이어폰은 6개이다.

10 그림 그리기

처음 열려 있던 방울토마토
동생이 먹은 방울토마토
지운이가 먹은 방울토마토
남은 방울토마토 : 4개

❶ (지운이가 먹은 방울토마토 수)=4개
(동생이 먹은 방울토마토 수)=4+4=8(개)

❷ (처음 열려 있던 방울토마토 수)
=8+4+4=16(개)

4주 시계 보기와 규칙 찾기

4주 준비학습 96 ~ 97 쪽

1 3시에 ○표 » 3시
2 12시 30분에 ○표 » 12시 30분
3 사과, 배 / 사과, 배 / 사과, 배 » 사과, 배
4 지우개에 ○표 » 지우개
5 14 » 5, 3
6 15 » 3, 4

1 시계의 짧은바늘이 3, 긴바늘이 12를 가리키므로 3시이다.

2 시계의 짧은바늘이 12와 1 사이, 긴바늘이 6을 가리키므로 12시 30분이다.

4 연필－연필－지우개가 반복되므로 □ 안에 알맞은 그림은 지우개이다.

4주 준비학습 98 ~ 99 쪽

1 1시　　2 11시 30분
3 초록색　　4 3개
5 44
6 예 7부터 시작하여 2씩 작아진다.

3 둘째 줄은 빨간색－초록색이 반복되므로 빈칸에 알맞은 색은 초록색이다.

4 두발자전거－세발자전거－세발자전거가 반복되므로 빈칸에 들어갈 자전거는 세발자전거이다.
➔ (세발자전거의 바퀴 수)＝3개

5 64부터 시작하여 4씩 작아지므로
64－60－56－52－48－44이다.
➔ ㉠＝44

6 ↘ 방향 수들은 7－5－3으로 7부터 시작하여 2씩 작아진다.

4주 1일 100 ~ 101 쪽

문해력 문제 1
전략 먼저에 ○표
풀기 ❶ 4, 30 / 4　❷ 연주
답 연주
1-1 건우　　1-2 도서관
1-3 ㉡

1-1 ❶ (건우가 잠자리에 누운 시각)＝10시 30분
(다영이가 잠자리에 누운 시각)＝11시
❷ 10시 30분이 11시보다 먼저이므로 잠자리에 더 빨리 누운 사람은 건우이다.

1-2 ❶ 문을 여는 시각 각각 구하기
(도서관이 문을 여는 시각)＝8시 30분
(슈퍼마켓이 문을 여는 시각)＝8시
❷ 문을 더 늦게 여는 곳 구하기
8시 30분이 8시보다 나중이므로 문을 더 늦게 여는 곳은 도서관이다.

참고
더 빠른/늦은 시각 구하기

30분 후 ➔

8시　　8시 30분
• 더 먼저인 시각 8시가 더 빠른 시각이다.
• 더 나중인 시각 8시 30분이 더 늦은 시각이다.

1-3 전략
설날 아침에 할 일들의 시각을 각각 구하여 일의 순서를 알아보고 가장 먼저 할 일을 찾는다.

❶ ㉠ (윷놀이하기)＝11시 30분,
㉡ (세배하기)＝9시,
㉢ (떡국 먹기)＝9시 30분
❷ 9시, 9시 30분, 11시 30분 순서로 시각이 지나가므로 나연이가 가장 먼저 할 일은 ㉡ 세배하기이다.

참고
시각이 빠를수록 먼저 할 일이고 시각이 늦을수록 나중에 할 일이다.

4주 1일 102 ~ 103쪽

문해력 문제 2

전략 1

풀기 ❶ 7, 6 ❷ 6, 30

답 6시 30분

2-1 11시 30분 **2**-2 9시 30분

2-3 4시

2-1 전략
시계의 긴바늘이 한 바퀴 돌았을 때 시계의 짧은바늘과 긴바늘이 가리키는 위치를 구하여 시계가 가리키는 시각을 구한다.

❶ 시계의 긴바늘이 한 바퀴 돌면 짧은바늘이 11과 12 사이, 긴바늘이 6을 가리킨다.
❷ 시계가 가리키는 시각은 11시 30분이다.

2-2 ❶ 시계의 긴바늘이 반 바퀴 돌면 짧은바늘이 9와 10 사이, 긴바늘이 6을 가리킨다.
❷ 시계가 가리키는 시각은 9시 30분이다.

2-3 전략
시계의 긴바늘이 한 바퀴 돌았을 때 짧은바늘과 긴바늘이 가리키는 위치를 먼저 구하고, 이 위치에서 긴바늘이 반 바퀴 더 돌았을 때 짧은바늘과 긴바늘의 위치를 구하여 시각을 구한다.

❶ 시계의 긴바늘이 한 바퀴 돌면 짧은바늘이 3과 4 사이, 긴바늘이 6을 가리킨다.
❷ 시계의 긴바늘이 반 바퀴 더 돌면 짧은바늘이 4, 긴바늘이 12를 가리킨다.
❸ 시계가 가리키는 시각은 4시이다.

4주 2일 104 ~ 105쪽

문해력 문제 3

풀기 ❶ 7, 6 ❷ 6, 30

답 6시 30분

3-1 5시 **3**-2 1시 30분

3-3 3시

3-1 전략
거울에 비친 시계에서 짧은바늘과 긴바늘이 가리키는 숫자를 구하여 시계의 시각을 구한다.

❶ 짧은바늘이 5, 긴바늘이 12를 가리킨다.
❷ 연우가 본 시계의 시각: 5시

3-2 ❶ 짧은바늘이 1과 2 사이, 긴바늘이 6을 가리킨다.
❷ 민준이가 본 시계의 시각: 1시 30분

3-3 ❶ 짧은바늘이 1, 긴바늘이 12를 가리킨다.
❷ 시계의 긴바늘이 두 바퀴 돌면 짧은바늘이 3, 긴바늘이 12를 가리킨다.
❸ 시계의 긴바늘이 두 바퀴 돌았을 때 시계가 가리키는 시각: 3시

참고
시계의 긴바늘이 두 바퀴 돌면 짧은바늘은 큰 눈금 2칸을 움직이고 긴바늘은 원래 자리로 돌아온다.

4주 3일 106 ~ 107쪽

문해력 문제 4

풀기 ❶ 30 ❷ 30 / 1, 2, 3 ❸ 1

답 1시 30분

4-1 11시 **4**-2 4시

4-1 전략
시계의 긴바늘이 12를 가리키는 몇 시 중 8시와 12시 사이의 시각을 찾고 그중 10시보다 늦은 시각을 구한다.

❶ 시계의 긴바늘이 12를 가리키면 몇 시이다.
❷ 8시와 12시 사이의 시각 중에서 몇 시인 시각: 9시, 10시, 11시
❸ 10시보다 늦은 시각은 11시이다.

4-2 ❶ 시계에 있는 숫자는 1부터 12까지이므로 가장 큰 숫자는 12이다.
❷ 3시와 7시 사이의 시각 중에서 몇 시인 시각: 4시, 5시, 6시
❸ 5시보다 빠른 시각은 4시이다.

4주 3일 108 ~ 109쪽

문해력 문제 5

풀기 ❶ 26, 4 ❷ 46, 50 / 50

답 50

5-1 35 **5-2** 45

5-3 29

5-1 전략
수를 늘어놓은 규칙을 찾은 후 규칙에 따라 9번째까지 수를 써서 구한다.

❶ 11부터 시작하여 3씩 커지는 규칙이다.
❷ 6번째에 오는 수부터 이어서 쓰면 26, 29, 32, 35이므로 9번째에 오는 수는 35이다.

5-2 ❶ 수가 몇씩 작아지는지 규칙 찾기
75부터 시작하여 5씩 작아지는 규칙이다.
❷ 위 ❶에서 찾은 규칙에 따라 수를 써서 7번째에 오는 수 구하기
6번째에 오는 수부터 이어서 쓰면 50, 45이므로 7번째에 오는 수는 45이다.

5-3 ❶ 1부터 시작하여 1, 2, 3, 4, 5, ...씩 커지는 규칙이다.
❷ 7번째에 오는 수부터 이어서 쓰면 22, 29이므로 8번째에 오는 수는 29이다.

참고

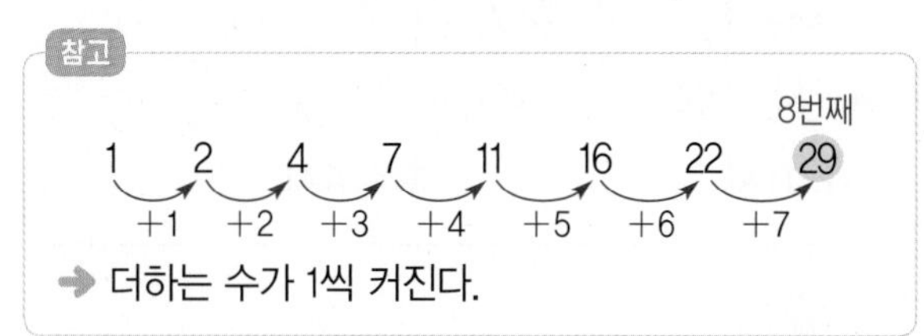

→ 더하는 수가 1씩 커진다.

4주 3일 110 ~ 111쪽

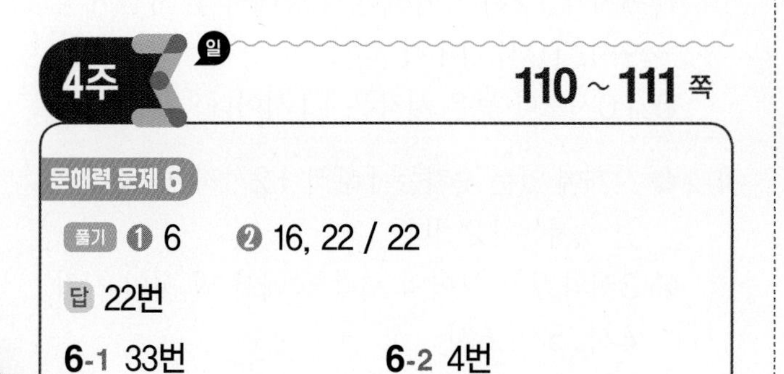

문해력 문제 6

풀기 ❶ 6 ❷ 16, 22 / 22

답 22번

6-1 33번 **6-2** 4번

6-1 전략
주어진 좌석의 번호가 뒤쪽 열로 갈 때마다 각각 몇씩 커지는지 구하여 규칙을 찾고 찾은 규칙을 이용하여 마열 다섯째 좌석의 번호를 구한다.

❶ 좌석의 번호가 뒤쪽 열로 갈 때마다 몇씩 커지는지 규칙 찾기
첫째 줄은 1－8－15－22,
둘째 줄은 2－9－16－23이므로
가열부터 시작하여 뒤쪽 열로 갈 때마다 좌석의 번호가 7씩 커지는 규칙이다.
❷ 마열 다섯째 좌석의 번호 구하기
좌석의 번호가 다섯째 줄은
5－12－19－26－33이므로 마열 다섯째 좌석의 번호는 33번이다.

6-2 ❶ 좌석의 번호가 아래쪽에서 위쪽으로 몇씩 작아지는지 규칙 찾기
좌석의 번호가 아래쪽에서 위쪽으로
17－12－7, 18－13－8이므로
아래쪽부터 시작하여 위쪽으로 갈 때마다 5씩 작아지는 규칙이다.
❷ 색칠된 좌석의 번호 구하기
19－14－9－4이므로 색칠된 좌석의 번호는 4번이다.

4주 4일 112 ~ 113쪽

문해력 문제 7

풀기 ❶ 네모, 별 ❷ 별

답 별 모양

7-1 노란색 **7-2** 곰 인형

7-3 7개

7-1 전략
타일이 반복되는 규칙을 찾아 다음에 올 타일의 색을 구한다.

❶ 노란색－파란색－노란색 타일이 반복된다.
❷ 파란색 타일 다음에 붙여야 할 타일은 노란색 타일이다.

7-2 ❶ 반복되는 규칙 찾기

곰−토끼−펭귄−토끼 인형이 반복된다.

❷ 토끼 인형 다음에 놓여 있는 인형 3개를 차례로 구하여 ㉠에 놓여 있는 인형 구하기

토끼 인형 다음에 놓여 있는 인형은 펭귄−토끼−곰이므로 ㉠에 놓여 있는 인형은 곰 인형이다.

7-3 ❶ 가위−바위−보−가위가 반복된다.

❷ ㉠에는 가위, ㉡에는 보가 들어간다.

❸ 펼친 손가락이 ㉠은 2개, ㉡은 5개이므로 ㉠과 ㉡에 들어갈 손 모양의 펼친 손가락은 모두 $2+5=7$(개)이다.

참고

손 모양의 펼친/접힌 손가락의 수 구하기

	가위	바위	보
펼친 손가락의 수(개)	2	0	5
접힌 손가락의 수(개)	3	5	0

4주 4일 114 ~ 115 쪽

문해력 문제 8

풀기 ❶ 검은색, 흰색

❷ ●, ● / 검은색

답 검은색

8-1 검은색　　**8-2** 7개

8-3 6개

8-1 전략

바둑돌을 늘어놓은 규칙을 찾고 그 규칙에 따라 바둑돌 13개를 그려 13번째에 놓인 바둑돌의 색을 구한다.

❶ 검은색−흰색−검은색이 반복된다.

❷ ●○●●○●●○●●○●●

➡ 13번째에 놓인 바둑돌은 검은색이다.

8-2 전략

바둑돌을 늘어놓은 규칙을 찾고 그 규칙에 따라 바둑돌 11개를 그린 후 그림을 보고 흰색 바둑돌의 개수를 구한다.

❶ 흰색−검은색−흰색이 반복된다.

❷ ○●○○●○○●○○●

❸ 흰색 바둑돌의 개수: 7개

8-3 ❶ 검은색−흰색−흰색−흰색이 반복되므로 ●○○○●○○○●○○○●○이다.

❷ 검은색 바둑돌의 개수: 4개,
흰색 바둑돌의 개수: 10개

❸ (흰색 바둑돌의 개수)−(검은색 바둑돌의 개수)
흰색 바둑돌은 검은색 바둑돌보다 $10-4=6$(개) 더 많다.

4주 5일 116 ~ 117 쪽

기출 1

❶ 4, 1, 1 /
예 색칠된 부분의 수 중 가장 큰 수에서 나머지 두 수를 뺀 값이 가운데 수인 규칙이다.

❷ 예 $7-1-4=2$이므로 빈 곳에 들어갈 수는 2이다.

답 2

기출 2

❶ ●, ●

❷ 2, 4, 8

❸ $8-4=4$(개)

답 4개

기출 1

색칠된 부분의 세 수를 더하거나 빼서 가운데 수가 되는 규칙을 찾는다.

기출 2

(원기둥)(공)(상자)(공)으로 4개의 모양이 반복되므로 16번째까지 반복되는 부분이 4번 반복된다.

4주 5일 118 ~ 119쪽

창의 3

❶ 12, 2 / 2

❷ 2, 30

❸ 예 2시가 2시 30분보다 먼저이므로 썰매장에 더 빨리 도착한 사람은 지안이다.

답 지안

융합 4

❶ 20, 2, 6

❷ 38, 44, 50 / 50

답 50번

4주 주말 TEST 120 ~ 123쪽

1 43	2 구름 모양
3 6시	4 민우
5 7시 30분	6 흰색
7 아삭 야채 가게	8 7개
9 6시 30분	10 23번

1 ❶ 13부터 시작하여 5씩 커지는 규칙이다.
❷ 6번째에 오는 수부터 이어서 쓰면 38, 43이므로 7번째에 오는 수는 43이다.

2 ❶ 구름－해－해－달 모양이 반복된다.
❷ 달 모양 다음에 붙여야 할 붙임딱지는 구름 모양이다.

3 전략
시계의 긴바늘이 한 바퀴 돌았을 때 시계의 짧은바늘과 긴바늘이 가리키는 위치를 구하여 시계가 가리키는 시각을 구한다.

❶ 시계의 긴바늘이 한 바퀴 돌면 짧은바늘이 6, 긴바늘이 12를 가리킨다.
❷ 시계가 가리키는 시각은 6시이다.

4 ❶ (윤진이가 비행기에 탑승한 시각)＝2시
(민우가 비행기에 탑승한 시각)＝1시 30분
❷ 1시 30분이 2시보다 먼저이므로 비행기에 더 빨리 탑승한 사람은 민우이다.

5 ❶ 시계의 짧은바늘과 긴바늘이 가리키는 숫자 구하기
짧은바늘이 7과 8 사이, 긴바늘이 6을 가리킨다.
❷ 시각 구하기
채원이가 본 시계의 시각: 7시 30분

6 ❶ 바둑돌을 늘어놓은 규칙 찾기
흰색－검은색－검은색－흰색이 반복된다.
❷ 위 ❶에서 찾은 규칙에 따라 바둑돌 13개를 그려 13번째 바둑돌의 색 구하기
○●●○○●●○○●●○○
➔ 13번째에 놓인 바둑돌은 흰색이다.

7 ❶ 문을 닫는 시각 각각 구하기
(달콤 과일 가게가 문을 닫는 시각)＝6시 30분
(아삭 야채 가게가 문을 닫는 시각)＝7시
❷ 문을 더 늦게 닫는 가게 찾기
7시가 6시 30분보다 나중이므로 문을 더 늦게 닫는 가게는 아삭 야채 가게이다.

8 ❶ 바둑돌을 늘어놓은 규칙 찾기
흰색－검은색－검은색이 반복된다.
❷ 위 ❶에서 찾은 규칙에 따라 바둑돌 11개 그리기
○●●○●●○●●○●
❸ 위 ❷에서 그린 그림을 보고 검은색 바둑돌의 개수 구하기
검은색 바둑돌의 개수: 7개

9 ❶ 시계의 긴바늘이 6을 가리키면 몇 시 30분이다.
❷ 6시와 10시 사이의 시각 중에서 몇 시 30분인 시각:
6시 30분, 7시 30분, 8시 30분, 9시 30분
❸ 7시보다 빠른 시각은 6시 30분이다.

10 ❶ 좌석의 번호가 오른쪽으로 갈 때마다 몇씩 커지는지 규칙 찾기
A열은 1－5－9－13, B열은 2－6－10－14이므로 오른쪽으로 갈 때마다 4씩 커지는 규칙이다.
❷ 좌석의 번호가
C열은 3－7－11－15－19－23이므로
C열 여섯째 좌석의 번호는 23번이다.

복습책 정답과 해설

1주 100까지의 수

1주 1일 복습 1~2쪽

1 7봉지	2 6송이	3 8개
4 3개	5 14개	6 5개

1 ❶ 도넛 73개는 10개씩 묶음 7개와 낱개 3개이다.
❷ 낱개 3개는 봉지에 담아 팔 수 없으므로 도넛을 7봉지까지 팔 수 있다.

2 ❶ 수국 86송이는 10송이씩 묶음 8개와 낱개 6송이이다.
❷ 꽃병에 꽂을 수국은 묶고 남은 6송이이다.

3 ❶ 낱개 24개는 10개씩 묶음 2개와 낱개 4개이다.
❷ 달걀은 모두 10개씩 묶음 $6+2=8$(개)와 낱개 4개이다.
❸ 케이크 한 개를 만드는 데 달걀이 10개 필요하므로 케이크를 8개까지 만들 수 있다.

참고
10개씩 묶음 ●개와 낱개 ▲■개인 수
➔ 10개씩 묶음 (●+▲)개와 낱개 ■개인 수

4 ❶ 송편 87개는 10개씩 묶음 8개와 낱개 7개이므로 접시 8개를 채우고 7개가 남는다.
❷ 접시 9개를 모두 채우려면 송편은 3개 더 있어야 한다.

5 ❶ 탁구공 66개는 10개씩 묶음 6개와 낱개 6개이므로 상자 6개를 채우고 6개가 남는다.
❷ 탁구공이 4개 더 있으면 상자 7개를 채울 수 있으므로 상자 8개를 모두 채우려면 탁구공은 14개 더 있어야 한다.

6 ❶ 낱개 35개는 10개씩 묶음 3개와 낱개 5개이다.
민채가 산 호두는 10개씩 묶음 $6+3=9$(개)와 낱개 5개이므로 모두 95개이다.
❷ $95-96-97-98-99-100$이므로 95보다 5만큼 더 큰 수가 100이다.
따라서 호두 5개를 더 사야 100개가 된다.

1주 2일 복습 3~4쪽

1 은채	2 진희
3 삼치, 갈치, 꽁치	4 61
5 88	6 78살

1 전략
❶ 수의 크기 비교하기
❷ 위 ❶에서 가장 작은 수를 찾아 가장 먼저 입장한 사람 구하기

❶ $69<76<81$이므로 가장 작은 수는 69이다.
❷ 가장 먼저 입장한 사람은 은채이다.

참고
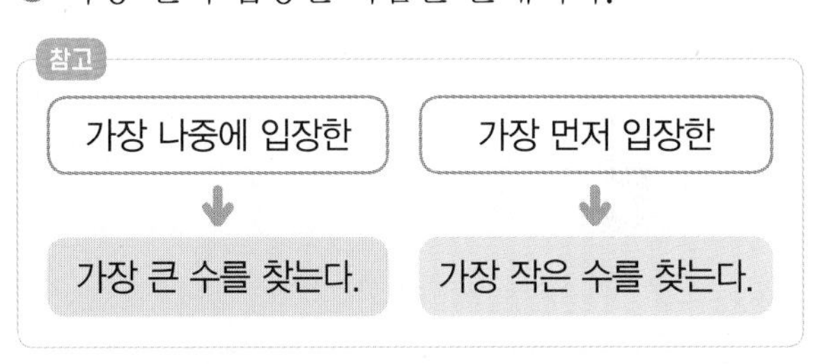

2 ❶ 10장씩 묶음 5개와 낱장 27장은 77장이다.
❷ $78>77>72$이므로 우표를 가장 많이 가지고 있는 사람은 진희이다.

3 ❶ 꽁치: 여든다섯 마리이므로 85마리이다.
❷ 갈치: 88보다 2만큼 더 큰 수이므로 90마리이다.
❸ $91>90>85$이므로 많이 있는 생선부터 차례로 쓰면 삼치, 갈치, 꽁치이다.

4 ❶ 어떤 수보다 1만큼 더 큰 수가 63이므로 어떤 수는 63보다 1만큼 더 작은 수인 62이다.
❷ 62보다 1만큼 더 작은 수는 61이다.

5 ❶ 어떤 수보다 1만큼 더 작은 수가 86이므로 어떤 수는 86보다 1만큼 더 큰 수인 87이다.
❷ 87보다 1만큼 더 큰 수는 88이다.

6 ❶ 유리네 할머니의 나이 구하기
유리네 할머니의 나이보다 1살 더 적은 나이가 74살이므로 유리네 할머니의 나이는 74살보다 1살 더 많은 75살이다.
❷ 유리네 할머니의 나이보다 3살 더 많은 나이 구하기
75살보다 3살 더 많은 나이는 $75-76-77-78$에서 78살이다.

1주 3일 복습 5~6쪽

1 86	2 15	3 3개
4 7, 8, 9	5 5	6 1, 2, 3, 4

1 ❶ 수 카드의 수의 크기를 비교하면 8>6>4>2이다.
❷ 10개씩 묶음의 수는 8이고, 낱개의 수는 6인 수를 만든다.
➡ 만들 수 있는 가장 큰 수: 86

2 ❶ 수 카드의 수의 크기를 비교하면 1<3<5<7이다.
❷ 10개씩 묶음의 수는 1이고, 낱개의 수는 3인 수를 만든다.
➡ 만들 수 있는 가장 작은 수: 13
❸ 3 다음으로 작은 수는 5이므로 10개씩 묶음의 수는 1이고, 낱개의 수는 5인 수를 만든다.
➡ 만들 수 있는 두 번째로 작은 수: 15

3 ❶ 10개씩 묶음의 수가 6일 때 만들 수 있는 수: 61, 64, 68
❷ 10개씩 묶음의 수가 8일 때 만들 수 있는 수: 81, 84, 86
❸ 위 ❶과 ❷에서 만든 수 중에서 64보다 크고 85보다 작은 수는 68, 81, 84로 모두 3개이다.

4 ❶ 10개씩 묶음의 수를 □라 하면 □7>67이다.
❷ 낱개의 수가 같으므로 10개씩 묶음의 수를 비교하면 □는 6보다 커야 한다.
➡ □가 될 수 있는 수: 7, 8, 9

5 ❶ 64>■8에서 낱개의 수를 비교하면 4<8이므로 ■는 6보다 작아야 한다.
❷ ■가 될 수 있는 수는 1, 2, 3, 4, 5이므로 ■가 될 수 있는 가장 큰 수는 5이다.

6 ❶ 9□<96에서 10개씩 묶음의 수가 같으므로 낱개의 수를 비교하면 □<6이다.
➡ □ 안에 들어갈 수 있는 수: 1, 2, 3, 4, 5
❷ 53>□8에서 낱개의 수를 비교하면 3<8이므로 □ 안에 들어갈 수 있는 수는 5보다 작아야 한다.
➡ □ 안에 들어갈 수 있는 수: 1, 2, 3, 4
❸ □ 안에 공통으로 들어갈 수 있는 수: 1, 2, 3, 4

1주 4일 복습 7~8쪽

1 3개	2 5그루	3 6개
4 81	5 4개	6 5개

1 ❶ 67번과 75번 사이에 있는 사물함의 번호는 68번, 69번, 70번, 71번, 72번, 73번, 74번이다.
❷ 위 ❶에서 구한 번호 중에서 홀수는 69번, 71번, 73번이므로 홀수가 적힌 사물함은 모두 3개이다.

2 ❶ 58번과 69번 사이에 있는 가로수의 번호는 59번, 60번, 61번, 62번, 63번, 64번, 65번, 66번, 67번, 68번이다.
❷ 위 ❶에서 구한 번호 중에서 짝수는 60번, 62번, 64번, 66번, 68번이므로 짝수가 적힌 가로수는 모두 5그루이다.

3 ❶ 10개씩 묶음이 5개, 낱개가 34개 ➡ 84
❷ 84와 97 사이에 있는 수는 85, 86, 87, 88, 89, 90, 91, 92, 93, 94, 95, 96이다.
❸ 위 ❷에서 구한 수 중에서 짝수는 86, 88, 90, 92, 94, 96으로 모두 6개이다.

4 ❶ 76보다 크고 83보다 작은 수는 77, 78, 79, 80, 81, 82이다.
❷ 위 ❶에서 구한 수 중에서 10개씩 묶음의 수가 낱개의 수보다 큰 수는 80, 81, 82이다.
❸ 위 ❷에서 구한 수 중에서 홀수는 81이므로 설명을 모두 만족하는 수는 81이다.

5 ❶ 10개씩 묶음의 수가 5보다 크고 8보다 작으므로 10개씩 묶음의 수는 6, 7이다.
❷ 10개씩 묶음의 수가 6, 7인 수 중에서 10개씩 묶음의 수와 낱개의 수의 합이 10보다 작은 수는 60, 61, 62, 63, 70, 71, 72이다.
❸ 위 ❷에서 구한 수 중에서 짝수는 60, 62, 70, 72로 4개이다.

6 ❶ ㉠ 10개씩 묶음 5개와 낱개 35개 ➡ 85
❷ ㉡ 100보다 4만큼 더 작은 수는 100－99－98－97－96에서 96이다.
❸ 85와 96 사이에 있는 수는 86, 87, 88, 89, 90, 91, 92, 93, 94, 95이고 이 중에서 홀수는 87, 89, 91, 93, 95로 모두 5개이다.

1주 5일 복습 9 ~ 10 쪽

1 87	**2** 74
3 6개	**4** 8개

1 ❶ ㉣보다 1만큼 더 작은 수가 85이므로 ㉣은 86이다.
❷ ㉢보다 10만큼 더 작은 수가 86(㉣)이므로 ㉢은 96이다.
❸ ㉡보다 1만큼 더 작은 수가 96(㉢)이므로 ㉡은 97이다.
❹ ㉠보다 10만큼 더 큰 수가 97(㉡)이므로 ㉠은 87이다.

2 ❶ ㉣보다 1만큼 더 큰 수가 76이므로 ㉣은 75이다.
❷ ㉢보다 10만큼 더 작은 수가 75(㉣)이므로 ㉢은 85이다.
❸ ㉡보다 1만큼 더 큰 수가 85(㉢)이므로 ㉡은 84이다.
❹ ㉠보다 10만큼 더 큰 수가 84(㉡)이므로 ㉠은 74이다.

3 ❶ 뒷면에 쓰인 수 구하기
〈앞면〉 2 4 3
↓ ↓ ↓
〈뒷면〉 4 2 3
❷ 수 카드 2장을 골라 한 번씩만 사용하여 몇십몇을 만들면 24, 23, 22, 42, 43, 44, 32, 34이다.
❸ 위 ❷에서 구한 수 중에서 짝수는 24, 22, 42, 44, 32, 34이므로 모두 6개이다.

4 ❶ 뒷면에 쓰인 수 구하기
〈앞면〉 7 2 1
↓ ↓ ↓
〈뒷면〉 1 6 7
❷ 수 카드 2장을 골라 한 번씩만 사용하여 몇십몇을 만들면 72, 71, 76, 77, 27, 21, 17, 12, 11, 16, 67, 61이다.
❸ 위 ❷에서 구한 수 중에서 홀수는 71, 77, 27, 21, 17, 11, 67, 61이므로 모두 8개이다.

2주 덧셈과 뺄셈(1)

2주 1일 복습 11 ~ 12 쪽

1 28개	**2** 41개
3 19장	**4** 90송이
5 47개	**6** 37개

1 ❶ 10개씩 묶음 2개와 낱개 6개는 26개이다.
❷ (필요한 숟가락의 수)=26+2=28(개)

2 ❶ 10개씩 묶음 4개와 낱개 4개는 44개이다.
❷ (지금 남아 있는 달걀의 수)
=44−3=41(개)

3 ❶ 10장씩 묶음 7개와 낱개 9장은 79장이다.
❷ (전체 참가 신청서의 수)
−(참가 신청서를 작성한 사람 수)
(남은 참가 신청서의 수)
=79−60=19(장)

4 ❶ (해바라기의 수)=80−70=10(송이)
❷ (화단에 핀 장미꽃과 해바라기의 수)
=80+10=90(송이)

5 ❶ (서아가 배달한 도시락의 수)
=22+3=25(개)
❷ (현서와 서아가 배달한 도시락의 수)
=22+25=47(개)

6 ❶ (어제 한 받아쓰기의 수)−5
(오늘 한 받아쓰기의 수)
=16−5=11(개)
❷ (어제 한 받아쓰기의 수)
+(오늘 한 받아쓰기의 수)
(어제와 오늘 한 받아쓰기의 수)
=16+11=27(개)
❸ (어제와 오늘 한 받아쓰기의 수)
+(남은 받아쓰기의 수)
(선생님이 숙제로 내주신 받아쓰기의 수)
=27+10=37(개)

2주 2일 복습 13 ~ 14쪽

1 86	**2** 63	**3** 57
4 17개	**5** 소민	

1 ❶ 수 카드의 수의 크기를 비교하면 $1<2<4<7$이다.
❷ 가장 큰 몇십몇은 74이고, 가장 작은 몇십몇은 12이다.
❸ $74+12=86$

2 ❶ 수 카드의 수의 크기를 비교하면 $3<5<8<9$이다.
❷ 가장 큰 몇십몇은 98이고, 가장 작은 몇십몇은 35이다.
❸ $98-35=63$

3 ❶ 수 카드의 수의 크기를 비교하면 $0<3<6<7<8$이다.
❷ 가장 큰 두 자리 수는 87이고, 가장 작은 두 자리 수는 30이다.
❸ $87-30=57$

참고
차가 가장 크려면 가장 큰 두 자리 수에서 가장 작은 두 자리 수를 빼야 한다. 이때, 두 자리 수는 몇십몇 또는 몇십이다.

4 ❶
정훈이가 받은 상장 / 동생이 받은 상장 12개
전체 상장 29개
❷ (전체 상장 수)−(동생이 받은 상장 수)
(정훈이가 받은 상장 수)$=29-12=17$(개)

5 ❶
소민이가 처음에 가지고 있던 사탕
나누어 준 사탕 24개 / 남은 사탕 13개
➔ (소민이가 처음에 가지고 있던 사탕 수)
$=24+13=37$(개)

❷
세찬이가 처음에 가지고 있던 사탕 / 더 받은 사탕 16개
더 받은 후 가지고 있는 사탕 48개
➔ (세찬이가 처음에 가지고 있던 사탕 수)
$=48-16=32$(개)
❸ $37>32$이므로 처음에 가지고 있던 사탕이 더 많은 사람은 소민이다.

참고
• (소민이가 처음에 가지고 있던 사탕 수)
=(나누어 준 사탕 수)+(남은 사탕 수)
• (세찬이가 처음에 가지고 있던 사탕 수)
=(더 받은 후 가지고 있는 사탕 수)
−(더 받은 사탕 수)

2주 3일 복습 15 ~ 16쪽

1 16명	**2** 41개	**3** 40개
4 45	**5** 20	**6** 흥민

1 ❶ (성주네 아파트에 사는 초등학생 수)
$=32+24=56$(명)
❷ (안경을 쓴 초등학생 수)$=56-40=16$(명)

2 ❶ (윗옷을 걸고 남은 옷걸이 수)
$=76-21=55$(개)
❷ (남은 옷걸이 수)$=55-14=41$(개)

3 ❶ (소미가 사용하고 남은 자석 수)
$=49-4=45$(개)
❷ (소미가 사용한 자석 수)+1
(현주가 사용한 자석 수)$=4+1=5$(개)
❸ (소미가 사용하고 남은 자석 수)
−(현주가 사용한 자석 수)
(남은 자석 수)$=45-5=40$(개)

다르게 풀기
전체 자석 수에서 소미와 현주가 사용한 자석 수의 합을 뺀다.
❶ (현주가 사용한 자석 수)$=4+1=5$(개)
❷ (소미와 현주가 사용한 자석 수)$=4+5=9$(개)
❸ (남은 자석 수)$=49-9=40$(개)

4 ❶ 어떤 수를 ■▲라 하여 잘못 계산한 식을 쓰면

$$\begin{array}{r} ■▲ \\ -\ 12 \\ \hline 21 \end{array}$$

❷ ■$-1=2$이므로 ■$=3$,
▲$-2=1$이므로 ▲$=3$
➔ ■▲$=33$

❸ 바르게 계산하면 $33+12=45$이다.

5 ❶ 어떤 수를 ■▲라 하여 잘못 계산한 식을 쓰면

$$\begin{array}{r} ■▲ \\ +\ 34 \\ \hline 88 \end{array}$$

❷ ■$+3=8$이므로 ■$=5$,
▲$+4=8$이므로 ▲$=4$
➔ ■▲$=54$

❸ 바르게 계산하면 $54-34=20$이다.

6 ❶ 어떤 수를 ■▲라 하여 규영이가 잘못 계산한 식을 쓰면

$$\begin{array}{r} ■▲ \\ -\ 23 \\ \hline 33 \end{array}$$

➔ ■▲$=56$이고,
바르게 계산하면 $56+23=79$이다.

❷ 어떤 수를 ■▲라 하여 홍민이가 잘못 계산한 식을 쓰면

$$\begin{array}{r} ■▲ \\ +\ 11 \\ \hline 94 \end{array}$$

➔ ■▲$=83$이고,
바르게 계산하면 $83-11=72$이다.

❸ $79>72$이므로 바르게 계산한 값이 더 작은 사람은 홍민이다.

2주 4일 복습 17 ~ 18 쪽

1 12명 2 32대 3 14
4 10 5 5

1 ❶ (어제 감기약을 사 간 사람 수)
$=11+23=34$(명)

❷ (오늘 감기약을 사 간 사람 수)
$=12+10=22$(명)

❸ 어제는 오늘보다 감기약을 사간 사람이
$34-22=12$(명) 더 많다.

2 ❶ (9월과 10월에 자동차 가가 팔린 수)
$=13+26=39$(대)

❷ (9월과 10월에 자동차 나가 팔린 수)
$=2+11=13$(대)

❸ (9월과 10월에 자동차 다가 팔린 수)
$=40+5=45$(대)

❹ $13<39<45$이므로 9월과 10월에 가장 많이 팔린 차는 가장 적게 팔린 차보다
$45-13=32$(대) 더 많이 팔렸다.

3 ❶ (전체 색 막대의 길이)$=26+20=46$
❷ (초록색 막대의 길이)$=46-32=14$

4 ❶ (전체 색 막대의 길이)$=24+23=47$
❷ (보라색 막대의 길이)$=47-37=10$

5 ❶ (전체 색 막대의 길이)$=21+75=96$
(파란색 막대의 길이)$=96-56=40$
❷ (초록색 막대의 길이)$=75-40=35$
❸ $21<35<40$이므로 가장 긴 색 막대와 두 번째로 긴 색 막대의 길이의 차는 $40-35=5$이다.

다르게 풀기

❶ (초록색 막대의 길이)$=56-21=35$
❷ (파란색 막대의 길이)$=75-35=40$
❸ $21<35<40$이므로 가장 긴 색 막대와 두 번째로 긴 색 막대의 길이의 차는 $40-35=5$이다.

2주 5일 복습 19 ~ 20 쪽

1 13명 2 24명
3 $54-31=23$, $35-12=23$ 4 $65-20=45$

1 ❶ 두 반 학생 수의 합이 49명이 되도록 표 만들기

1반 학생 수(명)	23	24	25	26	…
2반 학생 수(명)	26	25	24	23	…

❷ 1반 학생이 2반 학생보다 1명 더 많은 경우는 1반이 25명, 2반이 24명일 때이다.

❸ (2반 학생 수)$-$(2반 남학생 수)
(2반 여학생 수)$=24-11=13$(명)

2 ❶ 독서 모임 회원 수의 합이 85명이 되도록 표 만들기

가 책을 고른 회원 수(명)	40	41	42	43	…
나 책을 고른 회원 수(명)	45	44	43	42	…

❷ 가 책을 고른 회원이 나 책을 고른 회원보다 3명 더 적은 경우는 가 책이 41명, 나 책이 44명일 때이다.

❸ (나 책을 고른 회원 수)−(나 책을 고른 여자 회원 수)
(나 책을 고른 남자 회원 수)
$=44-20=24$(명)

3
```
  ㉠㉡
- ㉢㉣
  2 3
```

❶ ㉠−㉢=2이므로 (㉠, ㉢)이 될 수 있는 경우는 (5, 3), (4, 2), (3, 1)이다.

❷ ㉡−㉣=3이므로 (㉡, ㉣)이 될 수 있는 경우는 (5, 2), (4, 1)이다.

❸ 위 ❶, ❷에서 구한 수 중 ㉠, ㉡, ㉢, ㉣이 서로 다른 숫자이면서 ㉠㉡−㉢㉣=23을 만족하는 경우를 찾으면
(㉠, ㉢)=(5, 3)인 경우 (㉡, ㉣)=(4, 1)이고,
(㉠, ㉢)=(3, 1)인 경우 (㉡, ㉣)=(5, 2)이다.
따라서 만족하는 뺄셈식은 $54-31=23$과 $35-12=23$이다.

4
```
  ㉠㉡
- ㉢㉣
  4 5
```

❶ ㉠㉡과 ㉢㉣은 두 자리 수이므로 ㉠과 ㉢은 0이 될 수 없고, ㉠−㉢=4이므로 (㉠, ㉢)이 될 수 있는 경우는 (6, 2), (5, 1)이다.

❷ ㉡−㉣=5이므로 (㉡, ㉣)이 될 수 있는 경우는 (6, 1), (5, 0)이다.

❸ 위 ❶, ❷에서 구한 수 중 ㉠, ㉡, ㉢, ㉣이 서로 다른 숫자이면서 ㉠㉡−㉢㉣=45를 만족하는 경우를 찾으면
(㉠, ㉢)=(6, 2)인 경우 (㉡, ㉣)=(5, 0)이다.
따라서 만족하는 뺄셈식은 $65-20=45$이다.

주의
두 자리 수에서 10개씩 묶음을 나타내는 수는 0이 될 수 없다.

3주 덧셈과 뺄셈(2) / 덧셈과 뺄셈(3)

3주 1일 복습 21 ~ 22쪽

1 3개	2 9개
3 1자루, 3자루	4 11마리
5 17개	6 재준

1 (남은 사과의 수)$=9-4-2=5-2=3$(개)

2 (화단에 심은 모종의 수)
$=4+2+3=6+3=9$(개)

3 ❶ (남은 볼펜의 수)
$=5-2-2=3-2=1$(자루)

❷ (남은 연필의 수)
$=8-2-3=6-3=3$(자루)

4 (선영이가 잡은 물고기의 수)
$=3+7+1=11$(마리)
10
11

5 (냉동실에 있는 아이스크림의 수)
$=7+4+6=17$(개)
10
17

참고
더해서 10이 되는 두 수를 먼저 찾는다.

6 ❶ (가영이가 가지고 있는 색종이의 수)
$=4+6+2=12$(장)
10
12

❷ (재준이가 가지고 있는 색종이의 수)
$=4+5+5=14$(장)
10
14

❸ 12장<14장이므로 색종이를 더 많이 가지고 있는 사람은 재준이다.

3주 2일 복습 23~24쪽

1 오리	2 호두
3 복숭아	4 8명
5 3개	6 9개

1 ❶ (남아 있는 개구리의 수)$=10-9=1$(마리)
❷ 1마리$<$2마리이므로 연못 안에 더 많이 남아 있는 동물은 오리이다.

2 ❶ (남아 있는 호두의 수)$=10-8=2$(개)
❷ 2개$<$3개이므로 봉지에 더 적게 남아 있는 견과류는 호두이다.

3 ❶ (남아 있는 복숭아의 수)$=10-1=9$(개)
❷ (남아 있는 망고의 수)$=10-3=7$(개)
❸ 9개$>$7개이므로 수아에게 더 많이 남아 있는 과일은 복숭아이다.

4 ❶ 미술관 안으로 들어간 입장객의 수를 □명이라 하면 $10-□=2$이다.
❷ 10에서 빼서 2가 되는 수는 8이므로 $□=8$이다.
➜ 미술관 안으로 들어간 입장객은 8명이다.

5 ❶ (달 모양 조각)+(별 모양 조각)
(지희가 만든 조각의 수)$=1+9=10$(개)
❷ 지희가 깨뜨린 조각의 수를 □개라 하면 $10-□=7$이다.
❸ 10에서 빼서 7이 되는 수는 3이므로 $□=3$이다.
➜ 지희가 깨뜨린 조각은 3개이다.

6 ❶ 서진이가 다은이에게 준 쿠키의 수를 구하는 식 만들기
서진이가 다은이에게 준 쿠키의 수를 □개라 하면 $10-□=9$이다.
❷ 서진이가 다은이에게 준 쿠키의 수 구하기
10에서 빼서 9가 되는 수는 1이므로 $□=1$이다.
➜ 서진이가 다은이에게 준 쿠키는 1개이다.
❸ (처음 다은이가 가지고 있던 쿠키의 수)
+(서진이가 준 쿠키의 수)
다은이가 지금 가지고 있는 쿠키는 $8+1=9$(개)이다.

3주 3일 복습 25~26쪽

1 8병	2 6개
3 9장	4 9권
5 8개	6 3살

1 ❶ 9와 9를 모으기 하면 18 ➜ 전체 두유: 18병
❷ 18을 10과 8로 가르기 ➜ 상자에 남아 있는 두유: 8병

2 ❶ 9와 7을 모으기 하면 16 ➜ 전체 양말: 16개
❷ 16을 10과 6으로 가르기 ➜ 흰색 양말: 6개

3 전략
❶ 지유와 연주가 모은 쿠폰의 수를 모으기 하여 전체 쿠폰의 수를 구한 후
❷ 전체 쿠폰의 수를 10과 몇으로 가르기 하여 남은 쿠폰의 수를 구한다.
❸ 10−(남은 쿠폰의 수)를 구한다.

❶ 5와 6을 모으기 하면 11 ➜ 전체 쿠폰: 11장
❷ 11을 10과 1로 가르기 ➜ 남은 쿠폰: 1장
❸ 두 사람이 다시 떡볶이 1인분을 무료로 먹으려면 쿠폰 $10-1=9$(장)을 더 모아야 한다.

4 ❶ (위인전의 수)$=4+8=12$(권)
❷ 위인전은 만화책보다 $12-3=9$(권) 더 많다.

5 ❶ (윤서가 기부한 장난감의 수)
$=14-5=9$(개)
❷ 윤서가 기부한 장난감은 도진이가 기부한 장난감보다 $17-9=8$(개) 더 적다.

6 ❶ (아라의 나이)+4
(언니의 나이)$=8+4=12$(살)
❷ (언니의 나이)−7
(동생의 나이)$=12-7=5$(살)
❸ (아라의 나이)−(동생의 나이)
아라는 동생보다 $8-5=3$(살) 더 많다.

3주 4일 복습 27 ~ 28 쪽

1 4	**2** 8	**3** 3
4 16개	**5** 17개	

1 ❶ □+2+9<16 ➔ □+11<16이고

❷ 5+11=16이므로 □ 안에는 5보다 작은 수인 1, 2, 3, 4가 들어갈 수 있다.

❸ □ 안에 들어갈 수 있는 가장 큰 수: 4

2 전략

주어진 식을 간단히 하여 □ 안에 들어갈 수 있는 수를 모두 구한 후 그 수 중 가장 작은 수를 구한다.

❶ □+1+5>13 ➔ □+6>13이고

❷ 7+6=13이므로 □ 안에는 7보다 큰 수인 8, 9가 들어갈 수 있다.

❸ □ 안에 들어갈 수 있는 가장 작은 수: 8

3 전략

㉠과 ㉡에서 □ 안에 들어갈 수 있는 수를 각각 모두 구한 후 공통으로 들어갈 수 있는 수를 구한다.

❶ 12−□<10이고,
12−2=10이므로 □ 안에는 2보다 큰 수인 3, 4, 5, 6, 7, 8, 9가 들어갈 수 있다.

❷ 14−3−□>7 ➔ 11−□>7이고,
11−4=7이므로 □ 안에는 4보다 작은 수인 1, 2, 3이 들어갈 수 있다.

❸ □ 안에 공통으로 들어갈 수 있는 수: 3

4 그림 그리기

처음 가지고 있던 사탕
동생에게 준 사탕 / 친구 1명에게 준 사탕: 3개 / 친구 1명에게 준 사탕: 3개 / 남은 사탕 : 2개

❶ (동생에게 준 사탕 수)
=(친구 2명에게 준 사탕 수)+(남은 사탕 수)
(친구 2명에게 준 사탕 수)=3+3=6(개)
(동생에게 준 사탕 수)=6+2=8(개)

❷ (동생에게 준 사탕 수)+(친구 2명에게 준 사탕 수)+(남은 사탕 수)
(처음 가지고 있던 사탕 수)
=8+6+2=16(개)

5 그림 그리기

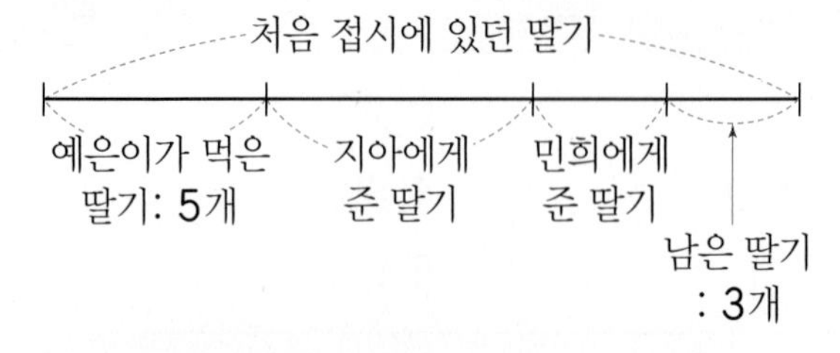

❶ (예은이가 먹은 후에 접시에 있던 딸기 수)
=(지아에게 준 딸기 수)+(민희에게 준 딸기 수)+(남은 딸기 수)
(민희에게 준 딸기 수)=3개
(지아에게 준 딸기 수)=3+3=6(개)
(예은이가 먹은 후에 접시에 있던 딸기 수)
=6+3+3=12(개)

❷ (처음 접시에 있던 딸기 수)
=5+12=17(개)

3주 5일 복습 29 ~ 30 쪽

1 5	**2** 8
3 18	**4** 8

1 ❶ 4+2+1=7, 3+1+2=6,
2+1+1=4이므로 **보기**의 규칙은 접힌 손가락의 수를 세어 더한 값을 쓴 것이다.

❷ 왼쪽에서부터 접힌 손가락의 수는 2, 1, 2이므로 □ 안에 알맞은 수는 2+1+2=5이다.

2 ❶ 2+4+3=9, 1+2+3=6,
2+1+2=5이므로 **보기**의 규칙은 펼친 손가락의 수를 세어 더한 값을 쓴 것이다.

❷ 왼쪽에서부터 펼친 손가락의 수는 3, 1, 4이므로 □ 안에 알맞은 수는 3+1+4=8이다.

3 ❶ ㉡은 3과 3의 합과 같으므로
㉡=3+3=6이다.

❷ ㉠은 3, 3, ㉡의 합과 같으므로
㉠=3+3+6=12이다.

❸ ㉠+㉡=12+6=18

4 ❶ ㉡은 4와 4의 합과 같으므로
㉡=4+4=8이다.

❷ ㉠은 4, 4, ㉡의 합과 같으므로
㉠=4+4+8=16이다.

❸ ㉠−㉡=16−8=8

4주 시계 보기와 규칙 찾기

4주 1일 복습 31 ~ 32 쪽

1 정원	2 우식
3 ㉢	4 5시
5 2시	6 8시 30분

1 ❶ (겨울이가 저녁을 먹기 시작한 시각)=7시
(정원이가 저녁을 먹기 시작한 시각)=6시 30분
❷ 6시 30분이 7시보다 먼저이므로
저녁을 더 빨리 먹기 시작한 사람은 정원이다.

2 ❶ (소희가 숙제를 끝낸 시각)=9시 30분
(우식이가 숙제를 끝낸 시각)=10시
❷ 10시가 9시 30분보다 나중이므로
숙제를 더 늦게 끝낸 사람은 우식이다.

3 ❶ 재덕이가 토요일에 할 일의 시각 각각 구하기
㉠ (방 청소하기)=2시 30분,
㉡ (점심 먹기)=1시,
㉢ (운동하기)=5시
❷ 위 ❶에서 구한 시각을 비교하여 가장 나중에 할 일 구하기
1시, 2시 30분, 5시 순서로 시각이 지나가므로 재덕이가 가장 나중에 할 일은 ㉢ 운동하기이다.

4 ❶ 시계의 긴바늘이 한 바퀴 돌면
짧은바늘이 5, 긴바늘이 12를 가리킨다.
❷ 시계가 가리키는 시각은 5시이다.

5 ❶ 시계의 긴바늘이 반 바퀴 돌면
짧은바늘이 2, 긴바늘이 12를 가리킨다.
❷ 시계가 가리키는 시각은 2시이다.

6 ❶ 시계의 긴바늘이 한 바퀴 돌면
짧은바늘이 8, 긴바늘이 12를 가리킨다.
❷ 시계의 긴바늘이 반 바퀴 더 돌면
짧은바늘이 8과 9 사이, 긴바늘이 6을 가리킨다.
❸ 희연이가 산 정상에 도착했을 때 시계가 가리키는 시각은 8시 30분이다.

4주 2일 복습 33 ~ 34 쪽

1 12시 30분	2 4시
3 7시 30분	4 8시
5 5시	

1 ❶ 짧은바늘이 12와 1 사이, 긴바늘이 6을 가리킨다.
❷ 민율이가 본 시계의 시각: 12시 30분

2 ❶ 짧은바늘이 4, 긴바늘이 12를 가리킨다.
❷ 나래가 본 시계의 시각: 4시

3 ❶ 짧은바늘이 7, 긴바늘이 12를 가리킨다.
❷ 시계의 긴바늘이 반 바퀴 돌면 짧은바늘이 7과 8 사이, 긴바늘이 6을 가리킨다.
❸ 시계의 긴바늘이 반 바퀴 돌았을 때 시계가 가리키는 시각: 7시 30분

4 ❶ 시계의 긴바늘이 12를 가리키면 몇 시이다.
❷ 5시와 9시 사이의 시각 중에서 몇 시인 시각: 6시, 7시, 8시
❸ 7시보다 늦은 시각은 8시이다.

5 ❶ 시계에 있는 숫자는 1부터 12까지이므로 가장 큰 숫자는 12이다.
❷ 2시와 6시 사이의 시각 중에서 몇 시인 시각: 3시, 4시, 5시
❸ 4시보다 늦은 시각은 5시이다.

4주 3일 복습 35 ~ 36 쪽

1 76	2 24
3 37	4 36번
5 12번	

1 ❶ 34부터 시작하여 6씩 커지는 규칙이다.
❷ 6번째에 오는 수부터 이어서 쓰면 64, 70, 76이므로 8번째에 오는 수는 76이다.

2 ❶ 40부터 시작하여 2씩 작아지는 규칙이다.
❷ 6번째에 오는 수부터 이어서 쓰면 30, 28, 26, 24이므로 9번째에 오는 수는 24이다.

3 ❶ 1부터 시작하여 1, 3, 5, 7, ...씩 커지는 규칙이다.

❷ 6번째에 오는 수부터 이어서 쓰면 26, 37이므로 7번째에 오는 수는 37이다.

참고

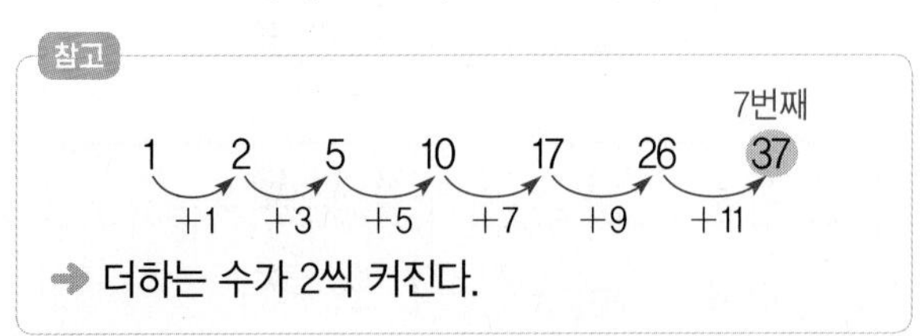

4 ❶ 첫째 줄은 1-9-17-25,
둘째 줄은 2-10-18-26이므로
A열부터 시작하여 뒤쪽 열로 갈 때마다 좌석의 번호가 8씩 커지는 규칙이다.

❷ 좌석의 번호가 넷째 줄은
4-12-20-28-36이므로
E열 넷째 좌석의 번호는 36번이다.

5 ❶ 좌석의 번호가 위쪽에서 아래쪽으로
26-22-18, 27-23-19이므로
위쪽부터 시작하여 아래쪽으로 갈 때마다 4씩 작아지는 규칙이다.

❷ 24-20-16-12이므로
색칠된 좌석의 번호는 12번이다.

4주 4일 복습 37 ~ 38 쪽

1 멜론	**2** 검은색	**3** 8개
4 흰색	**5** 8개	**6** 7개

1 ❶ 수박-멜론-멜론이 반복된다.

❷ 수박 다음에 놓아야 할 과일은 멜론이다.

2 ❶ 검은색-보라색-보라색-검은색 큐빅이 반복된다.

❷ 보라색 큐빅 다음에 붙여야 할 큐빅은
검은색-검은색이므로 ㉠에 붙여야 할 큐빅은 검은색이다.

3 ❶ 가위-가위-바위-보가 반복된다.

❷ ㉠에는 바위, ㉡에는 가위가 들어간다.

❸ 접힌 손가락이 ㉠은 5개, ㉡은 3개이므로
㉠과 ㉡에 들어갈 손 모양의 접힌 손가락은 모두 $5+3=8$(개)이다.

4 ❶ 검은색-흰색이 반복된다.

❷ ●○●○●○●○●○
→ 10번째에 놓인 바둑돌은 흰색이다.

5 ❶ 흰색-검은색-검은색이 반복된다.

❷ ○●●○●●○●●○●●

❸ 검은색 바둑돌의 개수: 8개

6 ❶ 검은색-검은색-흰색-검은색이 반복되므로
●●○●●●○●●●○●●●○
이다.

❷ 검은색 바둑돌의 개수: 11개,
흰색 바둑돌의 개수: 4개

❸ 검은색 바둑돌은 흰색 바둑돌보다
$11-4=7$(개) 더 많다.

4주 5일 복습 39 ~ 40 쪽

1 3	**2** 5
3 풀이 참고, 10개	

1 ❶ $8-2-3=3$, $6-3-1=2$,
$5-1-3=1$이므로 색칠된 부분의 수 중 가장 큰 수에서 나머지 두 수를 뺀 값이 가운데 수인 규칙이다.

❷ $9-2-4=3$이므로 빈 곳에 들어갈 수는 3이다.

2 ❶ $5+3+1=9$, $4+2+2=8$,
$3+1+2=6$이므로 색칠된 부분의 세 수를 더한 값이 가운데 수인 규칙이다.

❷ $3+1+1=5$이므로 빈 곳에 들어갈 수는 5이다.

3 ❶ ■, ●, ●, ▲, ● 모양이 반복된다.

❷ 5번째까지 늘어놓을 때:
■ 모양 1개, ● 모양 3개, ▲ 모양 1개,
10번째까지 늘어놓을 때:
■ 모양 2개, ● 모양 6개, ▲ 모양 2개,
15번째까지 늘어놓을 때:
■ 모양 3개, ● 모양 9개, ▲ 모양 3개,
20번째까지 늘어놓을 때:
■ 모양 4개, ● 모양 12개, ▲ 모양 4개,
25번째까지 늘어놓을 때:
■ 모양 5개, ● 모양 15개, ▲ 모양 5개

❸ $15-5=10$(개)

초등 수학 라인업

최상

난이도

최강 TOT

최고 수준

최고 수준 S

심화

초등 문해력
독해가 힘이다
[문장제 수학편]

수학도
독해가 힘이다

일등전략

응용 해결의 법칙

유형

수학 전략

유형 해결의 법칙

우등생 해법수학

개념

개념클릭

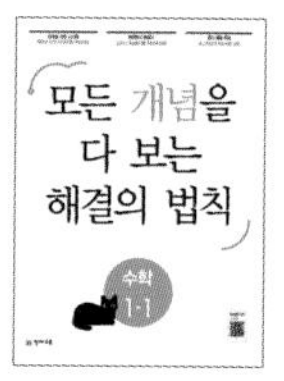

개념 해결의 법칙

똑똑한 하루 시리즈 [수학/계산/도형/사고력]

기초
연산

계산박사

빅터연산

최하

평가 대비 특화 교재

수학 단원평가

해법수학
경시대회 기출문제

해법 예비 중학
신입생 수학

정답은
이안에
있어!

수학 전문 교재

●면산 학습
빅터면산	예비초~6학년, 총 20권
참의융합 빅터면산	예비초~4학년, 총 16권

●개념 학습
개념클릭 해법수학	1~6학년, 학기용

●수준별 수학 전문서
해결의법칙(개념/유형/응용)	1~6학년, 학기용

●단원평가 대비
수학 단원평가	1~6학년, 학기용

●단기완성 학습
초등 수학전략	1~6학년, 학기용

●상위권 학습
최고수준 S 수학	1~6학년, 학기용
최고수준 수학	1~6학년, 학기용
최강 TOT 수학	1~6학년, 학년용

●경시대회 대비
해법 수학경시대회 기출문제	1~6학년, 학기용

예비 중등 교재

●해법 반편성 배치고사 예상문제	6학년
●해법 신입생 시리즈(수학/명어)	6학년

맞춤형 학교 시험대비 교재

●멸공 전과목 단원평가	1~6학년, 학기용(1학기 2~6년)

한자 교재

●한자능력검점시험 자격증 한번에 따기	8~3급, 총 9권
●씸씸 한자 자격시험	8~5급, 총 4권
●한자 전략	8~5급Ⅱ, 총 12권

배움으로 행복한 내일을 꿈꾸는

천재교육 커뮤니티 안내

교재 안내부터 구매까지 한 번에!

천재교육 홈페이지

자사가 발행하는 참고서, 교과서에 대한 소개는 물론
도서 구매도 할 수 있습니다. 회원에게 지급되는 별을 모아
다양한 상품 응모에도 도전해 보세요!

다양한 교육 꿀팁에 깜짝 이벤트는 덤!

천재교육 인스타그램

천재교육의 새롭고 중요한 소식을 가장 먼저 접하고 싶다면?
천재교육 인스타그램 팔로우가 필수!
깜짝 이벤트도 수시로 진행되니 놓치지 마세요!

수업이 편리해지는

천재교육 ACA 사이트

오직 선생님만을 위한, 천재교육 모든 교재에 대한 정보가 담긴
아카 사이트에서는 다양한 수업자료 및 부가 자료는 물론
시험 출제에 필요한 문제도 다운로드하실 수 있습니다.

https://aca.chunjae.co.kr

천재교육을 사랑하는 샘들의 모임

천사샘

학원 강사, 공부방 선생님이시라면 누구나 가입할 수 있는 천사샘!
교재 개발 및 평가를 통해 교재 검토진으로 참여할 수 있는 기회는 물론
다양한 교사용 교재 증정 이벤트가 선생님을 기다립니다.

아이와 함께 성장하는 학부모들의 모임공간

튠맘 학습연구소

튠맘 학습연구소는 초·중등 학부모를 대상으로 다양한 이벤트와 함께
교재 리뷰 및 학습 정보를 제공하는 네이버 카페입니다.
초등학생, 중학생 자녀를 둔 학부모님이라면 튠맘 학습연구소로 오세요!